金蝉 高效养殖 新技术问答

马仁华 曾秀云 马 啸 马 浩 曾 浩 编著

U0381028

中国农业出版社

作者简介

　　马仁华与曾秀云夫妻，为动物养殖研究人员，安徽省著名企业华鑫特种动植物科技开发公司创始人，养殖金蝉、蝎子、蜈蚣、土元、黄粉虫，申请金蝉快速高效人工养殖方法、模拟自然养蝎法、大棚快速养殖蜈蚣技术、地鳖虫温室化养殖方法等9项发明专利，技术水平位居国内领先地位，曾出版《科学养蝎实用技术200问》《地鳖虫养殖新技术问答》《黄粉虫养殖与开发利用》《蜈蚣养殖新技术百问百答》4部著作，由中国农业出版社出版发行；注册了"曾秀云、蝎行天下、爬猴"等商标，建立了遍布全国的市场推广销售网络，使金蝉、蝎子、黄粉虫等销往全国各地并出口创汇。中央电视台曾报道二十多次，韩国、日本电视台也曾经采访。

　　马啸，美国加州大学博士；马浩，加拿大麦吉尔大学博士；曾浩，美国纽约州立大学学士。三人系马仁华、曾秀云之子，华鑫公司员工。

　　由于带动了全国数万名养殖户脱贫致富，作者所创立的华鑫公司被授予"中国诚信优秀民营企业""全国诚信单位"光荣榜上榜单位，《中国质量万里行》诚信·维权重点保护品牌（单位），安徽省名优农产品企业、安徽省诚信单位、安徽省下岗职工再就业示范基地、安徽市场质量信得过企业、农业产业化龙头企业、优秀民营科技企业、消费者信得过单位等荣誉称号。董事长曾秀云被授予"中国优秀民营企业家、中国新世纪巾帼发明家、全国农村妇女双学双比女能手、优秀民营科技工作者、三八红旗手、农村致富带头人"等荣誉称号。

作者单位：（安徽）萧县华鑫特种动植物科技开发公司
地址：安徽省萧县龙城镇鹏程小区
电话：0557-5150333　5093399
手机：13956830589（微信号同）

金蝉，俗称知了猴、爬猴、雷震子等，是营养丰富、味道鲜美的药食两用小动物，素有"唐僧肉"的美誉。在我国，特别是黄河中下游的广大地区早有食用金蝉的习惯。过去市场上的金蝉主要来源于捕捉野生资源，由于其价高利昂，近年出现了狂捕滥捉现象，致使其在自然界存量越来越少，市场价格从十几年前的0.1元/只涨到了1元/只，且供不应求、缺口极大。因此，发展人工养殖金蝉不仅前景光明，也大有"钱途"。

　　金蝉养殖虽然前景乐观，但在技术方面几乎是个空白，很多人想发展这个事业，却不知道如何入手。过去农民养殖金蝉多根据道听途说，想当然地将卵枝挖坑埋入地下浇上水，以为如此就能养出金蝉来。实践证明用这种方法养金蝉出土成活率很低，仅3%左右，还不如野生的成活率高。一些人用此方法虽然埋了不少卵枝，但产出的金蝉却寥寥无几，有的甚至

"颗粒无收",养殖基本失败,故而农民发展养殖金蝉的积极性不高。

笔者在金蝉养殖过程中,进行了大小十多次养殖试验,经过二十多年的努力探索,终于在金蝉繁育上取得重大科技成果,于2017年成功申请了金蝉养殖的发明专利(专利申请号:201710698024.2;专利名称:一种金蝉快速高效人工养殖方法;专利申请人:马仁华)。该技术是一项利用多年生草本植物和木本植物混合立体繁育金蝉的新方法,也是金蝉繁育领域的革命性新技术,该技术成功地解决了人工养蝉的"孵化、养殖、防病、低产"四大难题,已将金蝉繁育成活率由自然界的6%左右提高到60%以上,养殖3年亩产量达5万只左右。这也是笔者在昆虫养殖方面取得的第9个发明专利。中央电视台曾进行过二十多次报道,韩国、日本电视台也曾经采访。

金蝉养殖是个崭新的农业项目,可以说是朝阳产业、黄金产业,正在蓬勃发展,方兴未艾。因为金蝉的野生资源越来越少,人工产品将占据主要市场,发展前景一片光明。但目前在技术推广方面鱼龙混杂、良莠不齐,许多出售卵枝的人都说自己懂得技术，却拿不出国家认可的证明，有的地方甚至出现了炒种坑农的事件，给这个市场蒙上了一层阴影。根据我国的国情分析，笔者认为开展金蝉养殖要走农业产业化道路，即形成"公司＋基地＋农户"的生产模式。公司作为产业化的龙头和龙尾，养殖户作为龙身，公司有大规模的养殖示范基地，养殖户有小型的养殖基地，公司作为提供种苗和技术的单位，对养殖户实行种苗供应、技术指导和收购加工一条龙服务，以解决养殖户的技术与加工难题。因为金蝉是特种产品，为保护养殖户的利益，防止发生恶性炒种坑农事件，有关监管部门必须对推广单位进行信誉、资金、技术、销售、开发、加工等方面的资格考察和认定，然后才能确定其推广资格，发放推广许可证书。

笔者在多年的养殖实践中，记录了自己的饲养经验和养殖户的问题及针对问题的思考，久而久之，连缀成篇。为方便养殖户掌握技术，本书采取问答形式，有形式新颖、重点突出、实用性强等特点，以期能对广大金蝉养殖户有所帮助。

本书在写作过程中，得到了很多同行的鼓励和支持，在此表示感谢！

由于笔者文化及专业水平有限，在编写过程中难免出现疏漏，恳请广大读者给予批评指正。

编著者

2017年10月

CONTENTS
目录

前言

一、人工养殖金蝉的意义与特点　　　　　　　1

1.特种养殖有哪些意义?　　　　　　　　　　　1

2.金蝉有哪些作用?　　　　　　　　　　　　　1

3.金蝉养殖的生态意义有哪些?　　　　　　　　3

4.金蝉养殖的经济意义有哪些?　　　　　　　　3

5.养殖金蝉会毁坏树木吗?　　　　　　　　　　4

6.养殖金蝉有失败的吗?　　　　　　　　　　　5

7.人工养殖金蝉的特点有哪些?　　　　　　　　6

8.养殖金蝉的成本与效益如何?　　　　　　　　10

9.养殖金蝉有什么误区?　　　　　　　　　　　11

10.华鑫公司是如何开展金蝉养殖的?　　　　　12

二、金蝉的赏玩价值及其他　　　　　　　　16

1.人们为什么称蚱蝉为金蝉,其体内含有金子吗?　　16

2.金蝉有多少种叫法?　　　　　　　　　　　　17

3.古人为什么称蝉为道德虫子?　　　　　　　　18

4.何为金蝉脱壳?　　　　　　　　　　　　　　19

5.金蝉脱壳是军事智慧吗?　　　　　　　　　　20

6.金蝉与佛教有什么关系? 22

7.蝉与禅的哲学含义是什么? 22

8.外国人对蝉与禅的悟道是什么? 23

9.古人死的时候为什么要在嘴里放一颗玉蝉? 24

10.蝉字是如何来的? 25

11.古人为何用"蝉"代表"夏"? 25

12.古人为什么"崇蝉"? 27

13.古人是如何理解"鸣蝉"的? 29

三、金蝉的形态结构 30

1.金蝉成虫有何特点? 30

2.金蝉是用什么唱歌的? 31

3.金蝉的口器是针样的吗? 31

4.金蝉的卵是什么样的? 32

5.一龄若虫有何特点? 32

6.二龄若虫有何特点? 33

7.三龄若虫有何特点? 33

8.四龄若虫有何特点? 34

9.金蝉大小若虫的前足有何不同? 35

10.金蝉消化系统发达吗? 能消化固体食物吗? 35

11.金蝉雌性生殖系统有何特点? 35

12.雄蝉的生殖系统与一般动物有何不同? 36

13.幼龄若虫和老熟若虫的区别是什么? 36

14.金蝉成虫与若虫的前足有何区别? 36

15.蝉蜕是金蝉的皮吗? 37

四、金蝉的生物学特性 38

1.金蝉是完全变态的昆虫吗? 38

2.金蝉种卵自然孵化率有多高？　　　　　　　　　39

3.金蝉幼虫成活率有多高？　　　　　　　　　　39

4.金蝉必须生长在树下吗？　　　　　　　　　　40

5.金蝉喜欢什么植物？　　　　　　　　　　　　41

6.如何观察金蝉在地下的生长情况？　　　　　　42

7.金蝉在地下要生长几年？　　　　　　　　　　43

8.法布尔是如何观察金蝉的？　　　　　　　　　44

9.金蝉的寿命是几年？　　　　　　　　　　　　46

10.金蝉一生要蜕皮几次？　　　　　　　　　　46

11.金蝉的生命历程是什么样的？　　　　　　　46

12.金蝉羽化后雌雄比例是多少？　　　　　　　47

13.金蝉的尿有毒吗？为什么金蝉受惊时会排尿？　48

14.知了为什么会不停地鸣叫？　　　　　　　　48

15.知了能飞多远？　　　　　　　　　　　　　49

16.金蝉喜欢群居还是单居？　　　　　　　　　49

17.下雨天金蝉向哪儿飞？　　　　　　　　　　50

18.金蝉喜欢热天还是冷天？　　　　　　　　　51

19.湿度对金蝉是如何影响的？　　　　　　　　51

20.金蝉是有智慧的动物吗？　　　　　　　　　52

21.夜晚如何捕捉金蝉成虫？　　　　　　　　　52

22.蚱蝉是如何产卵的？　　　　　　　　　　　53

23.人工孵化种卵要多久？　　　　　　　　　　54

24.小若虫是如何出生的？　　　　　　　　　　56

25.若虫是如何营造房子的？　　　　　　　　　57

26.金蝉能把树"喝"死吗？　　　　　　　　　58

27.金蝉在地下是怎样活动的？　　　　　　　　58

28.金蝉殖种后能喷洒除草剂吗？　　　　　　　59

29.天气旱涝如何影响金蝉生长? 59

30.金蝉在地下怕水吗? 60

31.金蝉是如何出土的? 60

32.动物界精彩的表演——金蝉脱壳是怎样的? 62

五、金蝉养殖新技术 66

1.华鑫公司关于金蝉养殖的发明专利创新点是什么? 66

2.如何实现金蝉养殖的高效性? 66

3.如何为幼虫提供充足的营养? 68

4.如何为金蝉生长延长适温时间? 69

5.金蝉的种源容易采集吗? 70

6.如何采集卵枝,如何消毒灭菌和营养卵枝? 70

7.蝉蛹能留种吗? 71

8.捉到成虫后如何作为种源? 72

9.各种卵枝的优点与缺点是什么? 72

10.如何孵化卵枝,孵化率有多高? 74

11.人工孵化有几种形式? 75

12.殖种要注意哪些事项? 77

13.过去的投种方法有何不妥,失败的原因是什么? 81

14.华鑫公司在投种方法上有何优点? 81

15.如何投放活体种虫? 83

16.何为适宜密度投种? 83

17.金蝉基地如何灭草? 84

18.室内花盆试验性繁育方法成活率有多高? 85

19.华鑫公司发明专利综合效果如何? 86

六、金蝉病虫害防治 87

1.金蝉的病虫害有哪些?如何灭蚁? 87

2. 如何预防蚂蚁?　　　　　　　　　　　　　　　88

3. 金蝉卵期的天敌是什么?　　　　　　　　　　88

4. 金蝉幼虫期的天敌有哪些?　　　　　　　　　89

5. 瓢虫是如何危害金蝉幼虫的?　　　　　　　89

6. 小花蝽是如何危害蝉蚁的,如何防治?　　　90

7. 金蝉在地下生活会受到哪些危害?　　　　　90

8. 如何防治白僵菌对成虫的危害?　　　　　　91

9. 如何防治绿霉菌的感染?　　　　　　　　　92

10. 蝉蛹出土后的天敌有哪些?　　　　　　　　93

11. 金蝉林能使用草甘膦等灭草剂吗?　　　　94

12. 哪些鸟儿危害金蝉严重?　　　　　　　　　95

七、金蝉采收　　　　　　　　　　　　　　　96

1. 金蝉什么时候出土?　　　　　　　　　　　96

2. 如何捕捉蝉蛹?　　　　　　　　　　　　　97

3. 金蝉为什么要在晚上出来?　　　　　　　101

4. 金蝉会被淹死吗?　　　　　　　　　　　101

5. 金蝉的体重大概多少?　　　　　　　　　102

6. 什么时候收购金蝉较为适宜?　　　　　　103

7. 金蝉农场如何解决捕捉问题?　　　　　　103

8. 每平方米土地能出产多少金蝉?　　　　　104

9. 捕捉金蝉为什么要锄草?　　　　　　　　105

10. 金蝉高密度出土的防逃措施有哪些?　　　105

11. 捕捉金蝉成虫的方法有哪些?　　　　　　106

12. 如何用化学粘蝉胶捕捉金蝉?　　　　　　107

八、金蝉食用价值开发　　　　　　　　　　108

1. 金蝉营养成分有多高?　　　　　　　　　108

2. 金蝉如何清洗?　109

3. 鲜金蝉冰冻或腌制时间长好不好?　109

4. 如何冰冻及运输金蝉?　109

5. 什么样的金蝉不能吃?　110

6. 如何保存金蝉不发黑?　111

7. 有过敏体质的人能吃金蝉吗?　111

8. 白癜风患者能吃金蝉吗?　112

9. 鲜的金蝉好吃吗?　112

10. 如何油炸金蝉?　112

11. 如何做椒盐金蝉?　113

12. 如何加工五香金蝉?　113

13. 如何加工香酥金蝉?　113

14. 如何烧烤金蝉?　114

15. 如何加工金蝉吐丝?　114

16. 如何加工银丝金蝉?　114

17. 如何加工香辣金蝉?　115

18. 什么是黄龙戏金蝉?　116

19. 如何蒸炒金蝉?　116

20. 如何干煸金蝉?　116

21. 如何爆炒蝉蛹?　117

22. 如何加工新奥尔良金蝉?　117

23. 如何加工孜然金蝉?　117

24. 金蝉丸子和点心如何加工?　118

25. 如何进行金蝉产品深层次的开发应用?　118

九、金蝉药用价值开发　122

1. 金蝉与蝉蜕都能做药吗?　122

2.金蝉有什么药用功能？ 123

3.蝉蜕能治什么病？ 124

4.一千克蝉蜕有多少个？ 125

5.蝉蜕为什么能治病？ 126

6.蝉蜕能治小儿麻疹吗？ 126

7.蝉蜕能治眼病吗？ 127

8.蝉蜕有解痉息风的作用吗？ 127

9.蝉蜕的解毒消炎作用有哪些？ 128

10.蝉蜕能治疗风热感冒吗？ 128

11.如何用蝉蜕治疗急慢惊风及破伤风症？ 128

12.蝉蜕制剂有化湿解毒、祛风止痒的功能吗？ 129

参考文献 137

一、人工养殖金蝉的意义与特点

1. 特种养殖有哪些意义？

特种养殖业是国家大力倡导的"大农业"战略调整的组成部分，在国民经济发展中占有非常重要的地位，历代国家领导人对此都非常重视。1999年3月，时任国家总理朱镕基做了"发展特种养殖事业，实施科技富民战略，全面促进经济发展"的重要题词，意在鼓励人们积极投身其中，把这项事业做大做强做好，促进我国经济全面快速发展。金蝉作为特种养殖业的常见项目，有"市场短缺，价高利昂，技术简便，投资可大可小，饲养管理简单，劳动强度小，节省人工、不污染环境"等特点，是非常适合广大城乡居民发展的养殖项目。目前，发展金蝉养殖业，对于满足市场需求、调整农村产业结构，对于农民脱贫致富、农村剩余劳动力转移、农村经济发展和下岗职工重新就业等，有着极大的促进意义。

2. 金蝉有哪些作用？

金蝉又称知了猴、爬猴、雷震子等（图1-1），是呆萌可爱、对人畜无害的昆虫类小动物，集食用价值和药用功能于一身，具有高蛋白、高营养、纯天然、无公害、纯绿色等特点。既为传统的药膳上品，也是我国一味常用的中药材，有益精壮阳、止咳生津、保肺益肾、抗菌降压、治秃抑癌、清血化瘀、治病强身等作用。金蝉具有丰富独特的营养价值：每100克金蝉若虫富含蛋白质72克、脂肪15克、灰分1.8克；此外，还含有人体

图1-1　金蝉

必需的钙、磷、铁、锰和多种维生素、氨基酸及微量元素。金蝉的外壳称为蝉蜕，含有丰富的甲壳素及蛋白质，味甘、咸、寒，入肺、肝经，是重要的辛凉解表中药。常用于治疗外感风热、咳嗽音哑、咽喉肿痛、目赤目翳、破伤风、小儿惊痫、夜哭不止等症，是医学上不可或缺的常用药材。鲜嫩的金蝉若虫和成虫营养丰富、味道鲜美、口感独特，素有"唐僧肉"的美誉。"唐僧肉，越吃越长寿""油炸金蝉，越吃越馋"，不仅是几句趣语，更是人们对其保健功能和市场价值的共识。这个食用昆虫中的佼佼者，已成为适应各种不同场合的著名菜肴，并制作成金蝉罐头和其他精美包装食品，远销海外几十个国家和地区。有专家认为，人类未来的长寿食品主要是高蛋白昆虫食品，而金蝉作为人类最易接受的昆虫类小动物，极有可能成为人类长寿的主要蛋白昆虫。

3. 金蝉养殖的生态意义有哪些？

在过去，入夏后乡村能听到蝉声高唱，充满了田园乐趣和诗情画意，而现在农村却较少有蝉鸣了。近年来由于环境破坏，树木被砍伐，加上人们无节制地狂捕滥捉，尤其是一些人使用胶带缠树这一捕蝉绝招后，使得野生金蝉数量锐减，资源渐近枯竭，其产品供应越来越少，而社会需求却越来越大，导致金蝉的市场价格连年上升、居高不下，已从过去的每千克二十几元涨到了二百多元，每只刚出土的金蝉零售价也从十年前的0.1元涨到了1元，且供不应求，缺口极大。笔者所在的金蝉产地，市民想吃金蝉也很不容易，因为农贸市场过了7月以后就没有货了，如果想吃金蝉，只有到饭店花高价才能品尝到。而有些身患痼疾的人（如一些眼疾患者）和金蝉食品爱好者却非吃不可。若仅仅依靠采集野生金蝉，远远不能满足市场要求。因此，发展人工养殖，不仅十分必要，也刻不容缓。

4. 金蝉养殖的经济意义有哪些？

从经济方面来说，发展金蝉养殖，对于农民增收和农村经济增长具有重要的意义。在项目可行性方面，金蝉是寄宿于树根生长的，农民房前屋后一般都种有树木，完全能够发展养殖。利用树木进行养殖，可以获得可观的经济收入。近年来各地高度重视生态环境建设，大片的人工林如雨后春笋般迅速生长起来，给金蝉养殖业创造了广阔的发展空间。对于广大果农来说，在梨树、桃树等果树下套殖金蝉，既不需要增加管理负担，又能获得一项经济收入，几乎是无本获利。

5.养殖金蝉会毁坏树木吗？

有人说金蝉是喝树汁生长的，在树下养殖金蝉会毁坏树木。而笔者认为，在对于树木的危害方面，金蝉对树木的危害程度微不足道，完全可以忽略不计。因为金蝉幼虫在树下吸食的是毛细根，一个大树有成几十万个毛细根，即使下面生长了一二千只金蝉，对于大树来说也只是九牛一毛，根本不会影响整个树木的生长。树下的幼虫对树木生长不会有影响，那么在树枝上产卵的成虫是不是会毁坏树木呢？回答是更不值得一提。因为成虫产卵是在细小枝条上，一棵大树有成千上万根树枝，每年因产卵枯死几十或几百根小枝条对于整个树木来说影响很小（图1-2）。且树木也有抗虫性，若树汁被吸取多了，则树木

图1-2　产卵枝条

会增大吸收水分的功能。若局部树汁被吸收多了，则整个树木会增加对局部水分的供应。在安徽砀山梨都，很多梨农在树下套殖金蝉，多年来酥梨与金蝉共生齐长，树上树下俱获丰收，从未听说有梨树被金蝉"蜇死"的。而较大的梨树平均能育出

几百只金蝉，有时树下的经济收入（林下经济）比树上的果实收入还高。

6. 养殖金蝉有失败的吗？

过去农民养殖金蝉多根据民间传说，想当然地将金蝉卵枝挖坑深埋后浇水，以为如此就能养出金蝉来。实践证明这种方法是人凭空想象的，造成蝉蛹成活出土率很低，仅达3%～5%，还不如野生金蝉成活率高（图1-3）。许多人用此方法，虽然埋了不少卵枝，但产出的金蝉却寥寥无几，有的

图1-3　野生金蝉出土情况

甚至"颗粒无收"，养殖基本上失败。其原因主要是，将未孵化的卵枝埋入地下，一是将有生命需要呼吸的卵粒窒息了，

也就是闷死了；二是地下过于潮湿，使高蛋白质的卵粒变质腐烂了；三是下种之前未做好除草、松土、灭蚁等前期工作，一些孵出的小蝉蚁在落地和生长过程中，有的因找不到地缝或柔软处死亡，有的被蚂蚁伤害，有的因离树太远吸不到根汁饿死。这样一来绝大部分的蝉蚁就都死了，养殖岂有不失败之理？

7. 人工养殖金蝉的特点有哪些？

（1）资源广泛　金蝉是寄宿树根生长的，农村有丰富的林木资源。农民一般房前屋后都栽有一些树木，如杨树、柳树、桐树等；在果园生产区域还有大量的桃树、苹果树、梨树等果树，皆可用来发展养殖（图1-4、图1-5）。

（2）节省人工　金蝉若虫在地下自会寻找树汁吸食，不用人工饲喂和管理就能长大。在当前农业人工成本大幅度增长的情况下，普通农业项目付了工资后几乎无利可图，而金蝉项目却能节省大约80%的人工费用，等于增加了经济效益。

图1-4　曾秀云在柳树蝉林

图1-5　农民在销售卵枝

（3）简便易行　笔者已将孵化及殖种技术操作程序化，方法简便易行，农民不受文化程度高低的限制都能学会，且劳动强度小，老弱残幼都能进行这种养殖。

（4）种苗易得　金蝉种苗既可从专业养殖场家购买，也可自己动手采集，且简单易学，农民一听就懂、一学就会。

（5）周期短　按照笔者的发明专利，能将金蝉的卵期由1年缩短为1个月，用室内池养、塑料大棚恒温繁育方法，若虫经18个月生长就能成为老熟若虫出土，在田地中半自然养殖两年就可出售产品。

（6）经济效益高　本小利大，投资少，回报率高。按笔者的专利技术，现在每平方米大概能收金蝉100个，按市场批发价

0.6元/只计算，每平方米可收入60元。而蝉蛹是吸食树汁生长的，每个成本仅在一二分钱，产出利润是投入的几十倍，可谓价高利昂。

（7）产品畅销　在每年的6～7月供货旺季，大小饭店、宾馆、冷藏食品厂均会大量收货，居民也会积极购买冷冻囤积。因为金蝉出土季节很强，过了7月就买不到了。在市场需求方面，整个中国每年需要金蝉鲜货3万吨以上，而实际供应还不到3 000吨，市场缺口极大。仅北京、上海、广州等大城市在春节的需求量就需一二百吨，而市场供货几乎为零，使想饱口福者买也买不到（图1-6）。

图1-6　山东某金蝉交易市场

（8）加工简单　金蝉具有特殊的蛋白质，若家庭做菜，清洗干净油炸后放入椒盐即成为香酥可口的菜肴，不需要再放其他的佐料。也可经清洗、浸渍、烹炸或蒸煮小批量生产上市出售，大批量深加工可制成罐头出口创汇。

（9）前景光明　市场稳定，销售价格多年来只涨不落，是一项可以长期从事的特种养殖致富项目。

（10）用途广泛　金蝉具有极高的药用价值与食用价值，有人为了治疗痼疾每年固定食用大量金蝉。笔者有一个朋友，因眼睛有毛病，用其他方法治疗效果都不太好，但吃金蝉后有明显的疗效。他的体会是金蝉又好吃又保健，吃得越多，眼睛越明亮。因此，每年都要固定买一二十千克食用。金蝉脱掉的壳（蝉蜕）也有很大的用处，目前安徽省亳州药材大市场蝉蜕价格每千克400多元。

（11）绿色食品　金蝉在地下生长，无异味，对环境没有任何污染。有人说金蝉在地下生活，会有重金属污染，这其实是不了解金蝉生理特性的错误说法。金蝉是寄宿树根生长的，吸食的是树汁，它不吃土也不吃石头，不会有重金属的污染。因此，它是无公害的绿色安全食品（图1-7）。

图1-7　干净卫生的鲜金蝉

8. 养殖金蝉的成本与效益如何？

金蝉是一种高蛋白、低脂肪昆虫，有极高的营养价值和独特的食用口感，将成为未来重要的绿色保健食品。由于环境的破坏，树木被砍伐，其生存环境破坏严重，再加上人为狂捕滥抓，导致金蝉资源严重枯竭，产量逐年锐减，开展人工规模养殖已成当务之急。

目前，金蝉养殖主要利用林果树下空地，小投资即可创大业。与传统养殖业相比，具有投资小、收益大等明显优势。现以个人管理10亩*金蝉农场为例做以下效益分析：

（1）投资　一是种卵投资：一般每亩投种1 000条卵枝，每条0.5元，1亩需种卵投资500元；二是人工投资：每年投放卵枝及管理，每亩需200元的雇工费；三是租地费每亩700元；四是种植柳树种苗费每亩300元，收获季节全部自己采集，其他方面不需要投入。合计1亩共投资1 700元，这样10亩地共投资17 000元，三年连续投资约50 000元。

（2）收益　按第三年达到出土高峰计算：每条卵枝平均含蝉卵100多粒，成活率按30%～50%计算（自然界成活率在10%～15%），每条可出金蝉30～50只，1 000条卵枝可育出金蝉3万～5万只。目前市场上每只金蝉的价格是0.6元，则每亩收入在1.8万～3万元，10亩收入18万～30万元。扣除三年的投入5.5万元，纯利润12.5万～24.5万元，投入产出比为1∶2.3或1∶4.5。三年以后按当前物价不变计算，则每年都可收入18万～30万元，减去每年费用1.7万元，获利16万～28万元，

---

* 　亩为非法定计量单位，1公顷=15亩。

则三年以后的投入与产出比都在 1 ： 10 以上。而三年以后金蝉农场进入良性循环，自己可以留种了，又省下了一笔种苗费用，蝉农的技术与管理经验都增强了，产量还会进一步提高，收入还会增加。养殖面积越大，收入越高。如果农民朋友有杨树林、桐树林，宽宽的树行间闲置着，或者有苹果园、梨园，但效益不太理想，刨掉了又觉得可惜，即可用树下的土地养殖金蝉。所以，养殖金蝉是一种投资少、效益好、市场前景广、不需要重体力劳动的致富之道。

9. 养殖金蝉有什么误区？

（1）技术误区　有些人把金蝉养殖说得非常简单，只要把种卵往地下一埋就可以出金蝉了，这是不懂技术、不负责任的说法。首先，埋卵的殖种方法就是错误的！据笔者经验，金蝉养殖是有较高技术要求的，比如在金蝉种卵的孵化期，要掌握好孵化的温度与湿度。若在孵化中温差变化过大，可能会造成种卵的伤亡。而湿度同样是制约金蝉种卵孵化的重要因素，过干，会造成种卵孵化率大幅降低或孵化失败；过湿，也会造成孵化率降低。有人认为金蝉在孵化出来后就不再需要管理，直到出虫，这种观点也是错误的。金蝉在殖种完成后仍有一些工作要做，比如在遇到强降雨后应及时做好排水工作，积水不能超过 1 周。若天气过于干旱，应及时浇水以保证树木汁液充足，利于金蝉正常吸食生长。只有做好整个生长周期的管理工作，才能保证人工养殖金蝉的成功。

（2）时间误区　金蝉出土时间也是一些养殖场忽悠养殖户的陷阱，一些养殖场说人工养殖 6 ～ 8 个月就可出金蝉成品，这是违反自然规律的，也是不现实的！根据笔者多年的实践经验，在野外养殖金蝉，即使孵化和管理技术得当，至少也要2年才能出成品。大棚养殖金蝉可以在2年以内出产品，但由于需要较高的恒温养殖条件和较大的投资，一般农民不容易接受。

（3）产量误区　在一些媒体上看到，某养殖场宣称人工养殖金蝉亩产量可高达400千克，可以说这只是一种理论上的产量，实际是达不到的。按照笔者的发明专利技术，公司试验田所能达到的最高产量是300千克，即每平方米大约能出100个金蝉，这也是当前中国养殖金蝉所能达到的高产量了。

10. 华鑫公司是如何开展金蝉养殖的？

笔者进行金蝉人工繁育是从三十多年前开始的。一开始也不知道金蝉如何饲养，更不知道蝉卵产在哪里，只是对这种神秘的昆虫充满了好奇心。笔者小时候甚至认为金蝉是喝风饮露生长的。但金蝉美味好吃则在五六岁就知道了，那时也会跟着大人在晚上拿个手电筒，到田间树林去捉"蝶拉猴"（当地土语）。当然干得最多的事就是用长竹竿系个小网兜或面筋去粘捕，捕到后一般不是为了吃，而是用线拴上当鸣虫赏玩。

后来具体知道金蝉将卵产在树枝上则是在听到笔者岳母讲的一个故事才明白的。笔者岳母是个勤快人，出门看见路边有小树枝什么的都要拾起来，拿回家里当柴火烧。几年过去了，院子里堆满了干树枝。有一年夏季接连阴雨十多天，不断发现柴禾堆下有白色的小虫子乱爬，并且越来越多，整个院子里到处都是，开始以为是蛆虫什么的，看到后就都踩死扫除了。后来发现是从树枝里出来的，才恍然大悟，可能是"蝶拉猴"吧。说者无意，笔者听了之后明白了金蝉是将卵产在树枝里，并为知道此事兴奋不已。笔者很喜欢研究小虫子，想能不能把被蝉蛰死的有卵枝条弄来种植呢？于是采了一些树上的干枝，自作主张种到自家的槐树下面，并向下一直挖到树根，将卵枝放在树根旁边，然后埋上土浇透水，希望能种出金蝉来。一晃几年过去了，也没看到有几个金蝉出来，于是认为金蝉不能种。后来，又问了许多人也不明白，此事就搁置了。此为第一次种植金蝉，从想象开始，以失败告终。此后又试种了许多次也未能成功。

图1-8　华鑫公司金蝉繁育基地

直到1999年，笔者成立了华鑫特种动植物技术开发公司，在安徽省萧县农业科技园里租了几十亩地，养殖蝎子、土元、黄粉虫等昆虫，还种了五六亩杨树，准备用来养金蝉。那时候关于金蝉养殖的传说很多，有人说将卵枝种下后盖上草再埋土就能出金蝉，笔者觉得这个说法有一些道理，于是决定第二次试种金蝉。这次从当地的果树上剪一些被知了蛰死的卵枝，在春季清明节后将卵枝挖坑埋在杨树下面，不直接用土掩埋，先将麦草盖在卵枝上，然后再埋土浇水。笔者觉得这次肯定能种出金蝉了，于是挖坑埋土忙得不亦乐乎。一连干了半个多月实在累了，到最后一天时，天色已晚，天黑时又下起了大雨，来不及挖坑了，便随便将卵枝撒到树下面就跑回了办公室，心想出不出金蝉随它去吧。谁知二三年后，当时费劲挖沟埋的卵枝出的金蝉很少或未出，而随便撒在树下的卵枝倒出了很多金蝉。这时笔者突然悟出来了，种植金蝉卵枝根本不需要挖坑深埋，像自然野生的金蝉一样撒在树下就能孵出金蝉来。经过一番探索，深埋地下不出金蝉的原因笔者也分析出来了——有生命的种卵埋到地下发生了窒息或霉烂，从而造成了孵化失败！从这里笔者也悟出了一个规律：蝉卵孵化一定要在地上操作，不能在地下进行。金蝉若虫虽然是在地下生长的，但卵枝孵化必须要在地上完成。这一次试种金蝉的结果是一半成功一半失败——撒下的成功，深埋的失败，属于"有心栽花花不开，无心插柳柳成荫"。笔者将这个经验告诉了来公司学习养殖技术的学员，于是在树下撒卵枝养金蝉的做法就传开了。最后一次试种金蝉是在六年前，这时笔者也有了一定的经验和理论，种植时间定在温度适宜的5月下旬或6月，并在雨后土地松软时将卵枝撒在树下或插在树下。经二三年后金蝉大量产出，每平方米可达100只左右，笔者觉得试种基本成功，便向国家申请了发明专利（图1-9、图1-10）。

图1-9　马仁华参加天津国际旅游产品博览会

图1-10　国家知识产权局专利受理通知书

二、金蝉的赏玩价值及其他

1. 人们为什么称蚱蝉为金蝉，其体内含有金子吗？

金蝉的学名叫蚱蝉，又名知了，但为什么人们叫它金蝉呢？它的体内也像金龟子一样含有金子吗？答案是否定的，金蝉体内没有金子，不能像金龟子一样炼出金子来。人们之所以叫它金蝉，主要是因其颜色为棕黄色，与黄金的颜色相似，看起来有些金褐色，故名为金蝉。尤其在阳光照耀下，用手机拍摄金蝉或蝉蜕时，红中带黄，金光闪闪，真像含有金子一样。金蝉虽然不含金子，但含有较多的金属元素，如铁、镁、锰、钙等，有金属属性，因此看起来金光闪闪（图2-1）。金蝉的叫

图2-1　金蝉腹面观

法是自古以来就有的，古人认为金蝉远离地面，独孤清傲，不食人间烟火，只饮露水，为高洁的象征，因此总结出关于金蝉叫法的三个寓意——第一是取谐音，金蝉谐音"金钱"，寓意财源滚滚来，一般商人喜欢用这种说法；第二是传统说法，称蝉有先知先觉的含义，寓意知人所不知，觉人所不觉，一般阴阳家和玄学家喜欢用这种说法；第三种是说蝉有"蜕变高鸣"的属性，有得中高第的说法，一般学子喜欢用这种说法（图2-2）。

图2-2　红色的蝉蜕

2. 金蝉有多少种叫法？

金蝉是蝉科昆虫的代表种，其幼虫各个地方称呼不一样。据不完全统计，金蝉在中国也许是称谓最多的昆虫了，全国各地关于金蝉大约有一百种叫法，这也许是它与人们的生活联系较为密切的缘故。爬猴、爬拉猴是河南商丘方言；老吱哇猴、蝈蛹是邯郸方言；蚱蝉、马吱啦猴是平乡方言；嘟拉龟、嘟老的是山东郓城方言；安徽北部称其为蝶拉猴、节流龟、姐了龟、解了猴子；鲁西南称爬蝉、爬拉猴。还有些地方叫它为爬爬、知了龟、知了猴、姐猴、节老龟、罗锅、爬衩、知㧓吖、食孩儿、老少狗、爬叉、神仙、杜拉猴、节喽爬、仙家、鸡溜、知雨雀子、老死鬼、老咕蛹、肚嘹猴、蝉猴、爬蚱、爬树猴、知了狗子、蝉幼、蝉牛、金蝉子等。正式一些的称谓有蝉蛹、耀蝉、黄金蝉、雷震子。还有的地方将大一些的蝉叫妈戒了，小的蝉叫摸吱。金蝉成虫又称为蚱蝉、黑蝉、黑蚱蝉、黑蚱、墨蚱蝉、蚱了，俗称蝉、知了、秋凉虫、蚱綷、齐女，北方有的地方叫大妈妈、妈唧妞；古代文人的叫法比较有文采，称为鸣蝉、鸣蜩、伏蜎等。

3. 古人为什么称蝉为道德虫子？

古人认为蝉有出淤泥而不染的品质，并深为蝉的高贵品质所折服。西晋文学家陆机在其著名的《寒蝉赋序》中，称赞蝉有"五德"，即文、清、廉、俭、信，将蝉喻为君子："夫头上有緌，则其文也；含气饮露，则其清也；黍稷不享，则其廉也；处不巢居，则其俭也；应候守节，则其信也；加一冠冕，取其容也。君子则其操，可以事君，可以立身，岂非至德之虫哉。"翻译成白话文，蝉的五德是：头上有冠带，是文；含气饮露，是清；不食黍稷，是廉；处不巢居，是俭；应时守节而鸣，是信。至此，蝉已完成了它作为道德虫子的所有准备工作。它以高亢激越的鸣声，直直地穿透古文化的帷幕，为声音覆盖之下的诗词歌赋镀上了一层金属的光芒。在不明真相的古人看来，蝉能上天入地，神通广大，似有神灵附身，无所不能。在这种"崇蝉"情结下，蝉便以各种文化现象出现于古人的生活中，最流行的是士大夫佩戴蝉状挂件招摇过市，作为向亲朋好友展示自己品行高洁的象征。图2-3为蚱蝉。

图2-3　蚱蝉

4. 何为金蝉脱壳？

金蝉脱壳指蝉蛹脱去外壳，变为成虫时的根本性的蜕变，是量变到质变的过程，也比喻事物发生了根本性的变化（图2-4）。在军事上比喻制造或利用假象巧妙地脱身逃遁，使对方不能及时发觉，此为"三十六计"中的一计，可以说是很高的军事智慧。

图2-4　金蝉正在脱壳

（1）比喻趁暂时未被对方察觉，制造或利用假象，乘机逃脱　元代马致远《任风子》第四折："天也，我几时能够金蝉脱壳？"《西游记》第二十回："这个叫做金蝉脱壳计，他将虎皮盖在此，他却走了。"茅盾《子夜》二："他一定感到恐慌，因而什么多头公司，莫非是他的'金蝉脱壳'之计？"

（2）比喻蜕变改易　清李渔《闲情偶寄·演习·授曲》："先则人随箫笛，后则箫笛随人，是金蝉脱壳之法也。"瞿秋白《论文学革命及语言文字问题》："古代中国文，现在脱胎换骨，改头换面，用了一条金蝉脱壳的妙计，重新复活了起来。"

金蝉脱壳的故事本意是：金蝉在蜕变时，本体脱离皮壳而走，只留下蝉蜕还挂在枝头。此计用于国战中，是指通过伪装摆脱敌人，撤退或转移，以实现己方战略目标的谋略。稳住对方，撤退或转移，绝不是惊慌失措，消极逃跑，而是保留形式，抽走内容，稳定对方，使自己脱离险境，达到己方战略目标，用巧妙分兵转移的机会向敌人出击。战争中不一定要硬拼硬，当感觉自己实力不济的时候，适时实施转移或撤退是保存有生力量的最佳方法。撤退也很讲技巧和方法，要不就成溃败之势，一发而难以收拾。要稳步撤退，军士先撤，将帅后走，边撤退边放烟雾迷惑敌人，并有人殿后以防万一，当后撤到利于本方的环境和地形时再组织防守或反扑。

5. 金蝉脱壳是军事智慧吗？

两军对垒，打得过就打，打不过就跑，但如何跑？却需要很高的智慧，当然跑的最好办法，就是金蝉脱壳了。

金蝉脱壳原意是指金蝉变为成虫时，要脱去幼虫的壳；比喻留下表面现象，实际上却脱身逃走。军事上指留下虚假的外形来稳住敌人，自己暗中脱身而去，离开险境。这是一种实走而示之不走的策略。在军事意义上，金蝉脱壳是一种积极主动的撤退和转移，这种撤退和转移又是在十分危急的情况下进行的，稍有不慎，就会带来灭顶之灾。下面举一典型的"金蝉脱壳"实例：

宋朝开禧年间，金兵屡犯中原。宋朝大将毕再遇领兵到边关与金军对垒，初时双方都只有几千人马，毕再遇打了几次小胜仗。金兵元帅大怒，又暗地调来数万精锐骑兵，要与宋军决一死战。此时，宋军若只凭几千人马与金军决战则必败无疑。毕再遇为了保存实力，准备暂时撤退。但金军已经兵临城下，如果知道宋军撤退，肯定会驱兵追杀。那样，宋军损失一定惨重，弄不好会全军覆没。毕再遇苦苦思索如何蒙蔽金兵，安全转移部队。这时，忽听帐外马蹄声响，毕再遇受到启发，计上心来。

他暗中做好撤退部署，当天半夜时分，下令兵士擂响战鼓，金军听见鼓响，以为宋军要趁夜劫营，急忙集合部队准备迎战。哪知只听见宋营战鼓隆隆，却不见一个宋兵出城。宋军连续不断地击鼓，搅得金兵整夜不得休息。金军的头领似有所悟：原来宋军采用疲兵之计，用战鼓搅得我们不得安宁。好吧，你擂你的鼓，我再也不会上你的当。宋营的鼓声连续响了两天两夜，金兵根本不予理会。到了第三天，金兵发现，宋营的鼓声逐渐微弱，金军首领断定宋军已经疲惫，就派兵分几路包抄，小心翼翼靠近宋营，见宋营毫无反应，金军首领一声令下，金兵蜂拥而上，冲进宋营，这才发现宋军已经全部安全撤离了。

原来毕再遇使了"金蝉脱壳"妙计：他命令兵士将数十只羊的后腿捆好绑在树上，使倒悬的羊前腿拼命蹬踢，又在羊腿下放了几十面鼓，羊腿拼命蹬踢，鼓声隆隆不断，这便是金蝉脱壳的故事。毕再遇用"悬羊击鼓"的计策迷惑了敌军，利用两天的时间安全转移了……

6. 金蝉与佛教有什么关系？

金蝉与佛教的关系同中国名著《西游记》中的唐僧有关，唐僧成了书中如来佛的二徒弟金蝉子转世，有金蝉脱壳之意。

孙悟空大闹天宫导致天界乱成一片，从而使神界无暇管制人间，致使人间的怨气冲天，于是玉帝请求佛祖广传佛法救度世人。佛祖便派其弟子金蝉子下世救人，但金蝉子得知下世后要经历九九八十一难才能求取真经，可谓是九死一生，心生恐惧，便偷逃下界。经历了世间的种种终于明白世间最需要的是什么，于是重返佛国，等待时机下世广传佛法，便有了后来的《西游记》。依照吴承恩书中的说法，中国认为"金蝉子"一词与佛教关系密切，算是佛教的专有名词，于是禁止用该词注册公司名称和商标等，一是对该词进行行政性的保护，二是体现了对佛教的尊重。

7. 蝉与禅的哲学含义是什么？

有人认为，金蝉长着冠带一样的头部，古人对此是感觉到非常怪异的。按照古人的说法，凡是造型诡异的物象，往往具有无法探知的大能。就像鸠形鹄面之徒，多是自然赋予神秘力量以后的显形一样，因此在哲学方面，"蝉"对"禅"的全方位浸淫，就构成了蝉对悟性和道的全然问鼎。古人认为蝉蜕壳后，开始餐风饮露、"溺而不粪"，过一种清洁高尚的隐士生活。陆佃（陆游祖父，北宋大文学家）赞扬蝉"舍卑秽，趋高洁"；东晋著名学者郭璞推崇说"虫之清洁可贵惟蝉"；陆云的《寒蝉赋》赞扬蝉有五德。有人认为：蝉并非不食人间烟火的真君子——暴露其"谦谦君子"真面目的，恰恰是其胸前一根不起眼的刺针。每当蝉用刺针吸饱树木的"琼浆玉液"而高鸣时，一定是这树木上的君子在"温饱思淫欲"。在此，蝉的悖反性也得到了体现。它的孤独、宽柔、高洁固然应和了传统文化的内核，但蝉坚硬的、张扬的、毫不妥协的叫嚷却像是一个血性武夫，这种叫声毫无韵律可言，就像一把板斧横蛮地砍出去，不分青红皂白。对牛对人一律奋力弹琴，这不禁让人心生疑窦：谈禅是这种方式吗？怎么有些类似现在的思想政治工作？大家可以进一步设想，很多形而上的东西都是坚硬无比的，好比你想捏碎一个核桃，直到有一天你终于捏碎了，才发现它并无内容——它是空壳。既然解除事物面具已经如此吃力，你又如何接近那遁去的本质？因此，蝉一味地高八度鸣叫似乎不能给聆听者以启示，但把蝉捧到云端的诗人们是想到了这个预设缺陷的。古人发现了这个弊端，他们为不同月份叫嚣的蝉进行了不同的命名，似乎是蝉按照自然的命令而做高低起伏的变化，蝉可以根据听众的觉悟程度自如地控制发声。

8. 外国人对蝉与禅的悟道是什么？

日本著名诗人松尾芭蕉的俳句《蝉鸣》："寂静似幽冥/蝉声尖厉不稍停/钻透石中鸣"是芭蕉在 1689 年游访山形宝珠院立石寺所作，诗思以动寓静，以有声写无声。松尾芭蕉让蝉声钻进石头，等于是躲入石里的阴凉，读起来反倒觉得声音和夏日时光从此便冻结住了。蝉声锲入石头，真是一个极出色的想象。声音自此站立起来，获得了金属的铿锵质感。不仅如此，松尾芭蕉更进一步，将发声的源头移至石头内部，那就是说，声音未必可以搜出石头内部的清凉，倒是很容易擦燃石头的愤怒。

此俳句之美，堪与我国台湾诗人洛夫书写飞将军李广"射痛一匹怪石的虎啸"的名句相比美。蝉鸣未必对听众有所助益，它只是蝉独自飞舞在悟性的天空时，以一种铜钹般的剧烈声音，还原为我们记忆里的声声木鱼，仿佛燃起一朵朵狂热的火焰，去接近天道的露水。蝉为自己的求禅而鸣锣开道，与外界无关，与赞誉无关，它把自己摈弃在音响之外，内心却如死水一般的寂静（图2-5）。

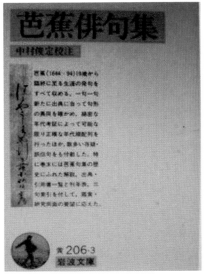

图2-5　松尾芭蕉诗集

9. 古人死的时候为什么要在嘴里放一颗玉蝉？

在古人的眼中，蝉性高洁，入土重生，蜕变新生，这些外观特性都符合古人追求洁身自好，追求永生、新生的朴素愿望。因此，蝉型的玉雕和玉饰在古代饰品中大量出现也就不足为奇了。但以我们现代人的眼光来看，蝉这种小昆虫并没有什么特别的，而且从保护树木植被的角度来看，蝉还是一种害虫。之所以我们和古人看法上有这样的差距，主要是古人受当时认知能力的限制，对于蝉的观察更多停留在表面上。比如说蝉的幼虫在树枝上孵化出来后落入土中，在土中生长一段时间以后便钻出土壤，羽化为成虫，而且这一过程通常都是在夜间进行，不容易被观察到，因此古人就以为蝉是从土里生长出来的。蝉生长繁殖的这一特性正好符合古人追求永生、追求来世再生的愿望，因此玉蝉也就成了古人为达成这一美好愿望的实物寄托。在古代的玉葬文化中，有一种叫做玉含的器物，通常是放在墓主人的口中。这种玉含常常是雕刻成型的玉蝉，表达了古人希望死者入土后能像蝉一样获得重生。

10. 蝉字是如何来的？

作为一种重要的物候现象，蝉在早期对人们的生活影响很大。在从河南安阳殷墟出土的甲骨卜辞四期"粹编"1536版上，即出现了疑似蝉的象形字。经郭沫若考古后认为这是"蝉"字。他在《殷契粹编考释》中称："像蝉形，故称蝉，假为蝉祭。"依郭沫若的观点，这两句卜辞的意思就是"叀（zhuān）癸用蝉"和"叀甲用蝉"。如果郭沫若的观点无误，即可以推断殷商人已将蝉当美味了。值得一提的是，现代"蝉"字右边之"单"字，在甲骨卜辞中也已发现，且有好几种写法。学术界一般认为，这是一种捕猎工具，用绳索绑上石块，与弹弓的攻击原理一样。但联想先秦时即已流行、在长杆头放置黏丸（或网罩）捕蝉的现象，甲骨文"单"字倒颇似捕蝉工具。据《庄子·达生》记载，孔子当年曾在南方楚国境内亲眼看到一驼背老人用这种方法捕蝉。其实，即便是弹弓，也可以用于捕蝉。

11. 古人为何用"蝉"代表"夏"？

蝉在先秦多称蜩（tiáo），秋天之蝉则称为螿（jiāng），即所谓"寒蝉"。体型大的蝉叫蟧（mián），体型小的蝉叫蟷（táng）；北方的蝉叫蝘（yǎn），又谓胡蝉。因蝉与猴一样擅攀树，民间又有蛣蟟猴、蝉猴等称呼。蝉为什么会有如此丰富的叫法？这与影响古人生活的蝉文化密切相关。郭沫若在《殷契粹编考释》写道："像蝉形，故称蝉，假为蝉祭"。蝉的本义是"善鸣之虫"，鸣蝉是阴历五月中最重要的物候现象。《诗经》中已有多首诗提到蝉，如《七月》："四月秀葽，五月鸣蜩"；《荡》："如蜩如螗，如沸如羹"；《小弁》："菀彼柳斯，鸣蜩嘒嘒"。因为鸣蝉现象很有规律，古人将其定为夏至节气"三候"之第二候，即"蝉始鸣"，另外两候是"鹿角解""半夏生"。

民国学者叶玉森《殷墟书契前编集释》："疑卜辞假蝉为夏，蝉乃最著之夏虫"。可以说，蝉是盛夏之魂。从文字学的角度看，"夏"字确因蝉而生，但与"蝉"字不一样，甲骨文"夏"字一直没有定论，有许多疑似"夏"字。但这些字都是头上长角、身有羽翼、身下复有虫足形，有不少甲骨文研究学者认为是蝉。民国学者叶玉森在《殷墟书契前编集释》中称："緌首翼足，与蝉逼肖，疑卜辞假蝉为夏，蝉乃最著之夏虫，闻其声即知为夏矣。"所谓"假蝉为夏"，就是用蝉的形象来代表"夏"字，这里点出了"夏"字与"蝉"字之间的特殊关系。在此"假蝉为夏"说法的基础上，有学者对中国最早朝代——夏朝之得名作出了新的解读。

夏朝为什么定国号为"夏"？在甲骨卜辞发现以前有各种不同的说法。唐朝学者张守节认为，"夏"是因为大禹受封于阳翟，为"夏伯"后得名。也有学者称"夏之为名，实因夏水而得"……在甲骨卜辞发现以后，现代学者便根据"假蝉为夏"现象，对夏朝国号的由来进行了重新解读：禹将王位转给儿子启，启在确定国号时使用母亲所属部落图腾蝉为国号，"假蝉为夏"，这就是夏朝国号的来历。如果这种说法成立，那之前夏的图腾是"蛇""猴"等的说法就不成立了。众所周知，在夏朝之后，"夏"字就有"中国之人也"的说法，代表着汉族、中国的"夏族""华夏"等名词也相继出现。可见，如果不是"假蝉为夏"，那"华族""华夏"等概念可能也就不复存在了。

"假蝉为夏"其实反映的是一种"崇蝉"心理。在古人的眼里，蝉是一种灵物，蝉从土中来，最后再归入土中，过了几年甚至十几年后，又出土羽化，如此周而复始，古人认为是"生生不息，绵延不绝"。启"假蝉为夏"，正是希望自己建立起来的世袭制朝代如蝉一样"不死"，世代永存。

12. 古人为什么"崇蝉"？

蝉在古代是一种灵物，古人认为蝉性高洁，"蝉蜕于浊秽，以浮游尘埃之外"，蝉在最后脱壳成为成虫之前生活在污泥浊水之中，等脱壳化为蝉时，飞到高高的树上，只饮露水，可谓出污泥而不染（图2-6）。因此，在古人的眼中，蝉是一种神圣的灵物，有着很高的地位，代表着纯洁、清高、通灵。蝉在古人的生活当中是一种不可或缺的物品，被人们极为推崇。由于蝉是栖息在高大的树木枝头，只吃露水树汁而不食人间烟火，所以用其来比喻人高洁的品德。从史料所记和现代考古发现来看，古人的"崇蝉"情结非常浓厚。《史记·屈原列传》或许

图2-6 古代玉蝉

给出了答案："蝉蜕于浊秽，以浮游尘埃之外，不获世之滋垢，皭然泥而不滓者也。"其中的"蝉蜕"，又称"蜕变"，成为"脱胎换骨、精神升华"的一种象征。早在新石器时代已出现了玉

蝉，1989年在内蒙古林西县境内"兴隆洼文化"遗址，曾出土了距今约8 000年、属于新石器时代中期的玉蝉，这样的玉蝉在辽西红山文化遗址、浙江良渚文化遗址等许多古遗址都曾出土过。这些早期玉蝉形制古朴、线条简单，但器身都有穿孔，明显是供人们佩戴的。从汉代开始，人们都以蝉的羽化来喻之重生。在死者的口中放置玉蝉称为含蝉，意指其精神不死，会复活重生。若是身上有蝉的佩饰，则表示其人清高、高洁。所以说，蝉是活人的佩饰，也是亡者的葬物。蝉文化在汉朝得到了极大的发展，玉蝉做得更精致好看，蝉翼上脉纹纤细秀丽、造型生动。这一时期，古人已不再满足于生前佩戴玉蝉，死后要口"含蝉"。在死者嘴里塞东西的风俗出现于先秦，叫"含殓"，所含之物称为"含口"，也称"口头实"。据唐杜佑《通典》：周制"天子、诸侯饭粱含璧，卿大夫饭稷含珠，士饭稻含贝。"到汉代普遍流行起"口含蝉"，就是因为蝉的"转世超生"，寄托了生者希望死者不朽、获得新生的良好祈愿。与此同时，佩戴玉蝉也被赋予了新的意义：以蝉装饰的帽子称"蝉冠"，是身份的象征；腰间佩蝉叫"腰缠万贯"，胸挂玉蝉称为"一鸣惊人"；在一片树叶上的蝉，被喻为"金枝玉叶"。蝉型工艺品最早出现在新石器时代。到了商朝时，人们都将蝉作为佩饰日常佩戴，那时的蝉造型古朴、雕刻粗犷。材质主要以玉石为主。战国以及汉朝时期，蝉的制作工艺和造型设计有了很大的发展。汉代时的玉蝉，雕刻刀法简练，但是粗犷有力，刀刀见锋，有着"汉八刀"之盛名。并且表面打磨的平整干净，线条挺秀，尖端锐利，锋芒毕现，边缘处如刀切一般，不会有崩裂和毛刺现象。蝉尾部甚至会有刺手的感觉。南北朝时期，玉蝉仍旧沿用汉朝时的造型，但是因为当时战火四起，玉石资源紧张，玉蝉大多都以滑石来制作，细节部位更加写实，和汉朝时的相比较，更加逼真。到了宋朝、明朝时，玉蝉的蝉翼更为圆滑，尖端处没有刺手感。清代的玉蝉雕刻的最为精致，眼睛较为细长，蝉翼脉络清晰，蝉足屈曲，装饰性更强。

13. 古人是如何理解"鸣蝉"的？

在古代蝉文化中，最突出的是对"鸣蝉"的观察和理解，从蝉的不同鸣叫声中，理解出了不同的意境。明代刘侗、于奕正《帝京景物略》中，有一段关于鸣蝉的文字："三伏鸣者，声躁以急，如曰伏天、伏天；入秋而凉，鸣则凄短，如曰秋凉、秋凉。取者以胶首竿承焉，惊而飞也，鸣则攸然；其粘也，鸣切切，如曰吱吱；入乎手而握之，鸣悲有求，如曰施施。"唐代诗人虞世南从这种蝉鸣中听出了一个人名声的重要，他的《蝉》诗云："居高声自远，非是藉秋风。"宋代词人王沂孙则听出了悲伤，他的《齐天乐·蝉》中描述了"病翼惊秋，枯形阅世，消得斜阳几度？余音更苦！甚独抱清商，顿成凄楚。"而柳永更是借寒蝉道尽了离愁别绪，他在《雨霖铃》中称："寒蝉凄切，对长亭晚，骤雨初歇……"古人的咏蝉诗多托物言志，富有哲理。南朝诗人王籍的《入若耶溪》是这类诗中的名篇之一："蝉噪林逾静，鸟鸣山更幽。"王籍从鸣蝉噪声中感受出了夏之静美，升华到了"禅境"，这乃是"禅悟"——此时的"蝉"与"禅"达到了殊途同归之妙。

三、金蝉的形态结构

1. 金蝉成虫有何特点？

金蝉成虫学名蚱蝉，头部宽10～12毫米，体长40～48毫米，连翅膀长50～65毫米，双翅展开约125毫米（图3-1）。通体黑色，因体内富含铁、锰等金属元素，看起来有金属光泽。复眼淡赤褐色。头的前缘中央及颊上方各有黄褐色斑一块。中胸背板宽大，中央有黄褐色X形隆起。前后翅透明。前翅前缘淡黄褐色，基部黑色，亚前缘室黑色，前翅基部1/3黑色，翅基室黑色，具一淡黄褐色斑点；后翅基部2/5黑色，翅脉淡黄色及暗黑色。足淡黄褐色。雄性腹部第一、二节有鸣器，称为腹板，呈三角状。雌性无鸣器，有听器，腹板很不发达、几乎看不到，产卵器显著而发达，即使在硬的枝条上也能刺破把卵产入（图3-2）。

图3-1　蚱蝉

图 3-2   雌、雄蚱蝉

2. 金蝉是用什么唱歌的？

金蝉成虫的触角较为短小，翅羽薄而透明。金蝉能够发声唱歌，是靠腹部的发音器（腹板）起作用的。会唱歌的是雄蝉，它的发音器在腹基部，就像蒙上了一层鼓膜的大鼓，鼓膜受到振动而发出声音。由于鸣肌每秒能伸缩几十次，盖板和鼓膜之间是空的，能起共鸣的作用，所以其鸣声特别响亮，在旷野能传至好几百米远，并且能轮流利用各种不同的声调激昂高歌，可以说是大自然出色的歌手。雌蝉无鸣器，不能发声，所以它是"哑巴蝉"。

3. 金蝉的口器是针样的吗？

金蝉的口器为刺吸式口器，与蚊子的口器类似，但比蚊子口器粗而坚硬。就像注射针头一样，中空稍弯曲，非常尖锐，即使较硬的树木也能刺入吸食其汁液，喜爱根汁不苦的蔷薇科果树类植物，更喜爱汁液较甜的如芦笋之类的草本植物。

4. 金蝉的卵是什么样的?

金蝉产的卵呈长椭圆形至梭形,微弯曲;一端有些钝圆,一端稍尖削,长2.5 ~ 3.7毫米,宽0.5 ~ 0.9毫米;乳白色,有光泽(图3-3)。交配以后的雌蝉在产卵前先用产卵器插入当年生或二年生的细嫩枝条木质部,然后将卵产入。每根枝条上有

卵窝 6 ~ 50个,一个接一个,多为单行直线排列,也有的弯曲或呈螺旋状排列。每一卵窝内有卵6 ~ 10粒,一根产卵枝内有卵30 ~ 200粒,平均150粒。每只雌蝉腹内一般怀卵500 ~ 1 000粒,最多可达到2 000粒,最少20粒,平均800粒。

图3-3　蝉卵

5. 一龄若虫有何特点?

一龄若虫是刚孵出的幼虫,又称为蝉蚁或蚁蝉(图3-4),极为娇嫩,宽0.5 ~ 1毫米,长2.2 ~ 6.5毫米。通体乳白色,像白色的虮或虱子一样。前足已表现为明显的开掘式,但只能挖细软松土,爬行较慢。腹部膨大有10节,前胸隆起,生有黄褐色绒毛。一般吸附在树木的毛细根上,进食量较小,对树木基本没什么危害。孵出后在潮湿的土壤中不吃不喝大约能活1周。若在烈日下暴晒,半个小时就会脱水而死。

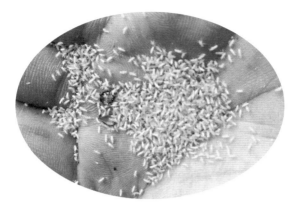

图3-4　蝉蚁

6.二龄若虫有何特点？

颜色与一龄若虫看起来差别不大，都是乳白色，但体格要增大1倍左右，宽1.5 ~ 2.1毫米，长2.2 ~ 12.5毫米，像是较大的虱子，爬行较快（图3-5）。前胸和背部颜色稍变深，出现了灰黑色。腹部进一步膨大，两侧出现一些疣状突起，一般吸附在树木的侧根或须根上，对树木基本无危害。

图3-5　幼蝉

7.三龄若虫有何特点？

三龄若虫已如金龟子大小，宽4 ~ 5毫米，体长10 ~ 20毫米。通体颜色虽为白色，但已明显变深。触角黄褐色但未明显增长。头部呈黄褐色，生有浅红褐色绒毛。前胸背板变为灰黄褐色，有倒 M 形黑褐色纹；中后胸淡青色，两侧具翅芽。腹部明显膨大，约占整个体重的一半以上。臀板圆锥形，尖端部呈黑褐色，一般吸附在稍粗些的树根上。若树木小、寄生密度过大，则会对树木产生一定危害，使树木生长速度减慢或枝叶枯萎。但因树木有较强的抗虫性，金蝉吸食树汁多了，树木也会增强吸收地下水分和营养的功能，以抵抗虫子的危害。在管理时要增加对树木的肥水供给，以抵抗金蝉的吸食危害。

8. 四龄若虫有何特点？

四龄若虫即老熟若虫，又名蝉蛹或金蝉，具典型的金蝉形态，是在地下最后一次蜕皮而成，也是人们要捕捉的主要虫态（图3-6）。一般宽10～12毫米，长20～35毫米，重4.5～5克。通体呈棕褐色，因其体内含有铁、锰等能发出金属光泽，拍照时看起来红彤彤的。其复眼突出呈黑色，头部呈红棕色并密生黄褐色绒毛，触角亦为红棕色，但与身体相比明显短小。头部后缘到身体中部有一黄褐色纵纹，到前缘分叉抵触角处，形成人字形纹路，前胸背板有倒 M 形黑褐色纹，翅芽前半部呈灰褐色，后半部呈黑褐色，显得粗壮有力。与三龄若虫相比，腹部黑棕色不显得膨大。四龄若虫

图3-6　老熟若虫（蝉蛹）

看起来难以分辨雌雄，但雌虫产卵器已经形成，呈黄褐色。

9. 金蝉大小若虫的前足有何不同？

一龄的小若虫为白色，具翅芽，能爬行。其前足已表现为明显的开掘式，但很娇嫩，只能挖动松软潮湿的土壤，挖不动硬土，所以在投种前要进行松土。三龄以上的若虫体长35毫米，为黄褐色。前足呈张牙舞爪般的开掘式，翅芽非常发达，就像两个挖掘机一样，臂长而有力，一般土壤都能挖动。

10. 金蝉消化系统发达吗？能消化固体食物吗？

金蝉的消化系统较为简单，分为由内胚层发育而来的中肠和由外胚层发育而来的前肠和后肠，前肠和后肠的内壁都覆盖有甲壳素内膜，而中肠则无此结构。前肠和后肠的分界在外部为胃盲囊，在内部是贲门瓣。中肠和后肠的分界在外部为马氏管，在内部是幽门瓣。金蝉没有咀嚼功能，不能消化固体食物，只能吸食液体营养物质。在地温高于15℃树汁开始流动时，若虫在地下开始刺吸取食活动。

金蝉的营养物质需求为蛋白质及氨基酸、脂肪与脂肪酸、维生素及各种微量元素，这些物质从吸食树汁中能基本得到满足，有的营养物质可在体内进行转换，以满足其生长和维持生命的需要。

11. 金蝉雌性生殖系统有何特点？

金蝉雌性生殖系统位于消化系统的背面、侧面和腹面，几乎将消化系统包围了。其生殖系统主要包括卵巢、输卵管和受精囊。卵巢外侧有侧输卵管，在第七腹节处，左右两条输卵管汇合成为中输卵管，中输卵管以生殖口开口于阴道；在阴道的背面，有一条受精囊管，管的末端是一个蚕豆状的受精囊。在卵巢的顶端，也就是侧输卵管前端形成两个内部起纵褶的附腺。

12. 雄蝉的生殖系统与一般动物有何不同？

雄蝉的生殖系统包括一对精巢、一对输精管和一个射精管。两个精巢紧贴在一起，像是动物的两个睾丸，前端有一条悬韧带，细长而透明，丝状有弹性。交配时射精管起到了动物阴茎的作用，将精液排入雌蝉的阴道，然后形成受精卵。交配后不久雄蝉就会死去。

13. 幼龄若虫和老熟若虫的区别是什么？

幼龄若虫和老熟若虫形态比较：幼龄若虫身体多为白色或黄色，很柔软，前额显著膨大，触角发达；前胸背板很大，无复眼，在复眼位置有1个单眼；前足腿节、胫节发达，具齿，适于开掘。老熟若虫呈棕红色或黄褐色，体长30~35毫米，胸部粗大，前足为开掘足，能爬行，腹部等宽；身体较坚硬，前胸背板缩小，中胸背板增大，自头顶至后胸背中央，有一道蜕皮线，为羽化成虫时的开裂线；翅芽非常发达，老熟时可达腹部中央。

14. 金蝉成虫与若虫的前足有何区别？

金蝉若虫在地下时，要靠两个重要的器官生活，一是刺吸器，用于吸食营养供身体生长所需；二是前足，用于挖土筑室和掘洞出土。金蝉刚出土时，两个前足坚强而有力，但经过裂腹蜕变之后，形态发生改变，前足变小变短，且长出了翅膀。成虫不用再掘土，所以不再需要有力的前足，而凭翅膀就能飞上树枝。但有一点不变，即刺吸器，仍尖锐刚硬，能刺入树中吸吮树汁。

15. 蝉蜕是金蝉的皮吗？

蝉蜕是老熟若虫出土后羽化蜕变后留下的皮壳，一般挂在树皮上或草上，远看仍像金蝉伏在树上一样，但已没有生气（图3-7）。蝉蜕其实是金蝉的外骨骼，因为每次生长外骨骼不能随着身体的长大而跟着长，所以要脱掉外骨骼才能成长。蝉蜕表面黄棕色或褐色，半透明、有光泽，长约3.5厘米，宽约2厘米，头部有丝状触角1对，复眼凸出已无光。额部先端凸出，口吻发达，上唇宽短，下唇伸长呈管状。腹背面因脱壳时用力呈十字形裂开，裂口向内卷曲，脊背两旁具小翅2对，腹面有足3对，被黄棕色细毛。腹部钝圆，共9节。体重非常轻，中空易碎，无臭无味。因蝉蜕中富含钙、铁、锰等金属元素，拍照时看起来红彤彤的。

图3-7 刚脱的蝉壳

四、金蝉的生物学特性

1. 金蝉是完全变态的昆虫吗？

金蝉属不完全变态昆虫，生命过程分为卵、若虫、成虫3个阶段，生命周期一般是3～5年，也有的为5～6年（图4-1）。其中卵期1～2年，若虫期3～4年，成虫期1～3个月。卵与若虫在过冬时有冬眠习性，生长较慢。其中一、二龄小若虫又称为蝉蚁或幼虫，老熟若虫称为金蝉或蝉蛹，成虫称为蚱蝉或知了，统称金蝉。

图4-1　蝉的世代

2. 金蝉种卵自然孵化率有多高？

因野外环境恶劣，金蝉种卵和幼虫会受到很大伤害，一生多灾多难。其中卵在枝条里越冬孵化要1～2年才能完成（图4-2），过冬时会冻死一部分，夏天太阳晒会失水干瘪一部分，阴雨连绵会霉烂一部分，害虫会吃掉一部分，这样大部分的种卵受到损害，自然孵化出虫率仅为30%～40%。

图4-2　越冬卵枝

3. 金蝉幼虫成活率有多高？

侥幸孵出的金蝉幼虫（蝉蚁）从树上飘落到地面后，必须马上钻入地下寻到树根才能活命。在落地和生长过程中，有的蝉蚁因找不到地缝或柔软处难以钻入地下会衰亡一部分，还会被蚂蚁伤害一部分，被病菌感染死亡一部分；虽然钻入地下但因离树根太远会饿死一部分，因不适应环境会冻死一部分，因干旱缺水会渴死一部分，这样又会伤亡大半。剩余的一小部分活下来的若虫会在地下0.3～0.5米处掘室栖居，寄宿树根生长。

在过冬时因地温降低威胁生命要下潜到1～3米深处冬眠，这样一年只能生长8～9个月，最终要经过3～4年时间（实际生长18～30个月），经四次蜕皮才能长大成熟（因个体差异，有的早熟有的晚熟）。一个卵枝中一般有100多个种卵，经过坎坷艰难的地上孵化与地下生长过程后，最终成为蝉蛹出土的成活率仅6%～10%，亩产量大约10千克。

4. 金蝉必须生长在树下吗？

答案是否定的。金蝉不一定非要依靠树木才能生长，所有的植物都能作为金蝉的寄主。那么也许有人会说，为什么只看见金蝉生长在树下，没看见从草丛里长出来呢？因为金蝉是多年生昆虫，所寄生的植物必须是多年生的才行。而一般的草本植物只能生长一年，寿命很短，不能作为金蝉的寄生植物。而树木一般都是多年生的，所以金蝉找到了树木就找到了合适的寄主。但多年生的草本植物，如芦笋和甘蔗完全能成为金蝉的寄主植物（图4-3、图4-4）。据笔者的实践经验，用芦笋能养出金蝉来，而且是品质优异的金蝉，比树木产出的金蝉口感好很多。

图4-3　马仁华在芦笋基地

图4-4　芦笋根下的幼蝉

5.金蝉喜欢什么植物？

据笔者观察，从木本植物来说，金蝉最喜欢蔷薇科中的果树类，在所有的果树类中，最喜欢苹果树，其次为梨树、桃树、李树、山楂树等。除了果树类，蝉最喜欢柳树，其次为白蜡条、榆树、泡桐等。成虫最爱栖息在杨树上，并不是杨树汁好"喝"，而是杨树往往长得较为高大，住在上面安全性高。从草本植物来说，蝉最喜欢的是芦笋，因为芦笋根汁较甜，很合金蝉的口味，用芦笋养殖的金蝉，个体大、水分充足，吃起来比木本植物养殖的金蝉要好很多，而且不容易过敏（图4-5至图4-7）。

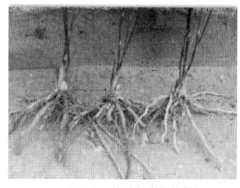

图4-5　甘甜发达的芦笋根

图4-6 营养钵芦笋育金蝉

图4-7 芦笋沙棘育金蝉

6. 如何观察金蝉在地下的生长情况？

神奇的金蝉在地下是如何生活的呢？这是大家最茫然也最想知道的。下面根据一个网友的经验介绍，我们做个试验来观察金蝉若虫的生活情况：

（1）买一个高四五十厘米的玻璃鱼缸当作花盆，底部要留排水口，以排出多余水分，既有利于植物生长，也不会淹死金蝉。

（2）将鱼缸里面填满沙土或壤土作为养殖土，不要用黏性强的红土，以免板结，金蝉不易上下活动。

（3）找一棵多年生的根系发达的木本植物或草本植物作寄主植物。木本植物最好是蔷薇科的植物，如苹果树、梨树的矮化盆景，多年生的草本植物选择芦笋最为适宜。

（4）把孵化出来的小若虫均匀撒在有植物的玻璃鱼缸中，可以看到小若虫马上就会钻入养殖土中，转眼就不见了踪影。

（5）金蝉在地下生长是不需要光线的，它在土中基本是一个瞎子，即使有眼睛也看不到东西，它是"有眼无珠"的。所以要用黑色的布或者不透光的材料把玻璃鱼缸包严实，以模仿金蝉在地下的真实生活场景。那金蝉在什么时候"有眼有珠"呢？是在经过第四次蜕皮后，在将要出土的一两个月内会形成黑色眼点，逐渐有了视力。同时它的身上会长满细细的绒毛作为传感器，感知温度与湿度。观察者平时一般不要拆开包裹物，以免影响金蝉的生活，若必须要拆开看时，可在暗室中进行，看后要再包裹上。

7. 金蝉在地下要生长几年？

金蝉从卵期开始生长发育到成熟若虫，一般需要在地下生长三个冬夏。第一年从6月开始生长，当年体重只有1克左右，全身及眼睛均为乳白色；第二年体重发育到3克左右，全身色素加深，眼睛呈粉红色；第三年发育成熟，体重4.5～5克，身体颜色为褐色，眼睛呈黑灰色。根据体重大小、体色深浅和眼睛的变化，可以准确判断若虫生长发育所处的年龄段（图4-8）。

图4-8　二、三龄幼蝉

8. 法布尔是如何观察金蝉的？

法国昆虫学家法布尔在《昆虫记》中写道：普通的蝉喜欢在干的细枝上产卵，它选择最小的枝，像枯草或铅笔那样粗细，而且往往是向上翘起，差不多已经枯死的小枝。它找到适当的细树枝，就用胸部的尖利工具刺一排小孔。这些小孔的形成，好像用针斜刺下去，把纤维撕裂，并微微挑起。如果它不受干扰，一根枯枝常常刺三四十个孔。卵就产在这些孔里。小孔成为狭窄的小径，一个个斜下去。一个小孔内约产十个卵，所以产卵总数为三四百个。它之所以产这么多卵，是为了防御某种特别的危险。必须有大量的卵，遭到毁坏的时候才可能有幸存者。我经过多次的观察，才知道这种危险是什么。这是一种极小的蚋，但对蝉卵来说，它简直是庞大的怪物。蚋和蝉一样，也有穿刺工具，位于身体下面近中部处，伸出来和身体成直角。蝉卵刚产出，蚋立刻就想把它毁掉。这真是蝉家族的大灾祸。大怪物只需一踏，就可轧扁它们。然而它们置身于大怪物之前却异常镇静，毫无顾忌，真令人惊讶。我曾看见三个蚋依次待在那里，准备掠夺一个倒霉的蝉。蝉刚把卵装满一个小孔，到稍高的地方另做新孔，蚋立刻来到这里。虽然蝉的爪可以够着它，而蚋却很镇静，一点不害怕，像在自己家里一样，在蝉卵上刺一个孔，把自己的卵放进去。蝉飞走了，多数孔内已混进异类的卵，把蝉的卵毁坏。这种成熟的蚋的幼虫，每个小孔内有一个，以蝉卵为食，代替了蝉的家族。这可怜的母亲一直一无所知。它的大而锐利的眼睛并不是看不见这些可怕的敌人不怀好意地待在旁边。然而它仍然无动于衷，让自己牺牲。它要轧碎这些"坏种子"非常容易，不过它竟不能改变它的本能来拯救它的家族。我从放大镜里见过蝉卵的孵化。开始很像极小的鱼，眼睛大而黑，身体下面有一种鳍状物，由两个前腿联结而成。这种鳍有些运动力，能够帮助幼虫走出壳外，并且帮助它走出有纤维的树枝——这是比较困难的事情。鱼形幼虫一到孔外，皮即刻脱去。但脱下的皮自动形成一种线，幼虫靠它能够附着在树枝上。幼虫落地之前，在这里行日光浴，踢踢腿，试试筋力，有时却又懒洋洋地在线端摇摆着。它的触须现在自由了，左右挥动；腿可以伸缩；前面的爪能够自如开合。身体悬挂着，只要有微风就摇动不定。它在这里为将来的出世做准备。我看到的昆虫再没有比这个更奇妙的了。这个像跳蚤一般大的小动物在线上摇荡，以防在硬地上摔伤，身体在空气中渐渐变坚强了。不久，它落到地上，开始投入严肃的实际生活中。这时候，它面前危险重重。只要一点风就能把它吹到硬的岩石上，或车辙的污水中，或不毛的黄沙上，或坚韧得无法钻下去的黏土上。这个弱小的动物迫切需要隐蔽，所以必须立刻到地下寻觅藏身的地方。天冷了，迟缓就有死亡的危险。它不得不各处寻找软土。没有疑问，许多是在没有找到以前就死去了。最后，它找到适当的地点，用前足的钩扒掘地面。我从放大镜里见它挥动锄头，将泥土掘出抛在地面。几分钟以后，一个土穴就挖成了。这小生物钻下去，隐藏了自己，此后就不再出现了。未长成的蝉的地下生活，至今还是个秘密，不过在它来到地面以前，地下生活所经过的时间我们是知道的，大概是4年。以后，在阳光中的歌唱只有5周。4年黑暗中的苦工，1个月阳光下的享乐，这就是蝉的生活。我们不应当讨厌它那喧嚣的歌声，因为它掘土4年，现在才能够穿起漂亮的衣服，长起可与飞鸟匹敌的翅膀，沐浴在温暖的阳光中。什么样的铙声能响亮到足以歌颂它那得来不易的刹那欢愉呢？

9. 金蝉的寿命是几年？

关于金蝉的寿命（应该说是世代）有多长，有人说是3～5年，有人说是7～8年，也有人说是十多年。根据笔者观察，在黄河中下游一带即河北、山东、河南、安徽，金蝉一个世代一般是3～5年。其卵期寄生在枝条内部越冬，大约要1年时间；若虫期寄生在植物根系上生活，要2～3年并经4次蜕皮后长为老熟若虫；然后出土羽化为成虫。成虫交配后产完卵即死去，只活1～3个月。这样一个世代就完成了，短的3年、长的5年。

10. 金蝉一生要蜕皮几次？

传统观点认为，金蝉一生要蜕皮5次，地下4次、地上1次。据笔者观察，金蝉一生要蜕皮6次，即卵在枝条中经孵化变为小若虫，应该算是1次蜕皮。因为小若虫钻出卵壳后，可以明显看见其蜕下的壳，这应该是1次蜕皮，是1次变态性的蜕皮。若虫期在地下经4次蜕皮成为老熟若虫，老熟若虫出土后经最后1次蜕皮变为成虫。因此，笔者认为金蝉卵期蜕皮可称为变态蜕皮，若虫期的4次蜕皮称为生长蜕皮，老熟若虫最后一次蜕皮称为变态蜕皮（金蝉脱壳），一生要经6次蜕皮。

11. 金蝉的生命历程是什么样的？

据笔者观察，在河北、山东、河南、安徽，从6～7月，金蝉老熟若虫在傍晚钻出地面，爬到植物茎秆上蜕皮羽化。出土高峰期主要集中在7月盛夏季节，出土时间大约为30天。蝉蛹羽化为成虫后会把高大的树木当成新家开始栖息，雄虫会不停鸣叫以召唤雌虫前来交配。因其寿命较短，交配后1周左右受精卵即发育成熟，雄虫完成交配任务会很快死亡。7～8月为雌虫产卵盛期，9月以后产卵逐渐减少，到10月末产卵基本结束，一生能产2 000多粒卵。进入11月后，雌虫大部分会衰竭死亡，这样一生的轮回就完成了。雌虫产的卵在枝条里越冬后，到第二年5～6月温度和湿度适宜时，卵会在枝条中孵化出幼虫，在刮风下雨时随风落入土中寻找植物根部取食生长，找不到树根的顶多忍耐3天就会被饿死。找到植物根部的第一年在地下30～50厘米造室栖居，进入深秋后气温下降则会下潜到深土恒温层安全越冬（冬眠），第二年4月气温转暖又上移到土巢中，刺吸树根开始生长。

12. 金蝉羽化后雌雄比例是多少？

自然界的蝉蛹初期羽化为成虫时，其雌雄比例是雌少雄多，大约是1：5，为什么会雌少雄多呢？这是昆虫繁衍后代的需要，也符合大自然一般的生物规律。因为雌虫需要交配才能有受精卵，才能繁衍后代。为了使每个雌虫都能得到交配的机会，就需要雄多雌少，1个雌虫对5个雄虫，雌虫总会交配成功的，这样才能使金蝉家族保持繁衍后代的机会。但随着时间的推移，这个平衡比例是在不断变化的。随着两性交配的进行，雄虫在完成交配使命后，很快便会死去。而雌虫为了完成产卵的使命，还要活几个月。这样雌雄的比例便会不断发生变化，由初期的1：5逐渐变为1：1，再变为1：0.5，末期雄虫几乎都死光了，其比例变成了1：0.1。

13. 金蝉的尿有毒吗？为什么金蝉受惊时会排尿？

记得童年捉金蝉的时候，会被金蝉喷一脸尿。有人说蝉尿有毒，射入眼睛会导致失明。笔者认为蝉尿没有什么危害，不会弄瞎人的眼睛，但会令人觉得不舒服。从蝉的生理上说，它在树上排泄时，代谢产物是将尿液以细水注射的形式从腹部排出的，所以夏天有时人在树下走路时，会莫名其妙地被蝉尿"袭击"，误以为是下雨。蝉的一生都是靠它针状的口器吸吮树汁为生，所以它只排尿，不产生固体粪便，体内代谢也不会产生有毒的物质，否则就不能食用了。至于蝉为什么受惊会排尿，因为蝉专门靠吸食树的汁液生活，当它吸进大量树汁后，身体会变得特别笨重。它的排泄系统与其他的昆虫不一样，尿都贮存于直肠囊里，在遇到紧急情况时随时都会本能地排出体外，一是减轻体重以利飞翔，二是攻击敌人以利逃跑。

14. 知了为什么会不停地鸣叫？

知了雄虫的鸣叫行为，一是为了找到交配对象，二是为了抢先得到雌虫，不让同伴抢了先。在它没有找到配偶前，就会不停地鸣叫，听起来高亢嘹亮，拖声悠长、穿透力极强，使很远的雌虫都能听得到而前来上演"爱情大戏"，这其实是为了繁衍后代。而雌虫则会找那些叫得最响亮的雄虫作为交配对象，所以鸣叫是充分体现雄性的表现。雄虫还有个本事，能一边吸食一边歌唱，饮食、唱歌两不误。蝉鸣还能预报天气情况，如果在一天中很早就鸣叫起来，这便是告诉人们"今天温度很高，天气很热"。

15. 知了能飞多远？

蝉蛹羽化为成虫后，在安静的环境下，静伏1～2小时后，就会慢慢爬行或飞翔了。一般能飞50米左右，最远飞80米，而且雌虫比雄虫要飞得远一些。成虫飞起来翅膀好像是不动的，其实多数时候是在滑翔。它的本事很大，向下、向上或平行都能滑翔。对于知了来说，飞行是很费力的，一般不会随意飞翔。只有在采食或受到惊扰时，才会从一棵树飞到另一棵树上（图4-9）。

图4-9　翅膀硬化能飞的成虫

16. 金蝉喜欢群居还是单居？

在若虫期，金蝉在地下都是独立且互不干扰的。据笔者观察，即使养殖密度很大，金蝉营造的居室也都是独立排列的，绝对不会出现两个金蝉住在一个居室的现象。根据对玻璃鱼缸养殖金蝉的观察，鱼缸长 1 米、高 0.5 米、宽 0.4 米，有效利用面积为 0.4 米^2，里面繁育了六七十只金蝉。寄主植物是几株多年生芦笋，根系布满整个鱼缸。这些金蝉的各个居室沿鱼缸走向整齐排列，分上下几层，每室一个金蝉，各住各的，各吃各的，互不干扰。但金蝉出土变为成虫后，却喜欢成群结队，这是为什么呢？

笔者认为，金蝉成虫成群结队的现象主要是为了安全。成虫在树木上群集鸣叫，一旦一个成虫受到惊动鸣叫飞逃，则一群成虫都会跟着飞翔逃走。这也说明了成虫具有群居性和群迁性，而群居和群迁，都是为了安全。群居数量少则数十个，多则一二百个，其数量越多，群的安全性就越高，当然鸣叫的也更响亮，招来交配的雌虫也越多，所以成虫喜欢群居。

17. 下雨天金蝉向哪儿飞？

这里说的是金蝉的迁移活动规律。金蝉出土羽化为成虫后有了视力与翅膀，生活方式发生了根本性的改变，一改过去不知天日、无昼无夜的状态，变成像地球其他动物一样，白天吸食、交配、产卵，晚上睡眠、休养、生息。一般来说因其无毒无害，难以抵抗自然界其他动物的危害，为了种群的生活与安全，晚上因视力差要栖息在高大的树木上，白天能看见东西又飞向小树吸汁、交配、产卵，到了黄昏时分又从小树飞向大树。天气晴朗时从大树飞向小树开始一天的生活，下大雨时又从小树飞向大树栖息。

笔者是安徽省萧县人，有一天上午在金蝉农场的小柳树上，用手机拍了很多金蝉照片，但感到质量不太理想。下午大雨过后，又拿着数码照相机想拍些好的照片，但到了柳树林一个金蝉也找不到了。这才恍然大悟，金蝉都飞到附近的大杨树上避雨去了。

蝉蛹在地下要出土时，是十分盼望下雨的，只有在雨后土质松软时才能掘洞出来。若久旱无雨，蝉蛹就无法出土。但蝉蛹羽化飞到树上后，就不喜欢下雨了，因为大雨会打到它毫无遮护且不结实的翅膀上，一旦被打落到地上飞不起来，就有可能被蟾、蛇等动物吃掉。

18. 金蝉喜欢热天还是冷天？

因金蝉是变温动物，其鸣叫、交配、产卵都需要在高温季节进行，因此金蝉是喜欢热天的动物。在清晨气温低时，成虫只是少量吸食，既不鸣叫，也不交配、产卵。到中午气温升高到30℃左右时，金蝉活性增强、精力旺盛，会从大树飞向小树，开始狂鸣，并寻找交配对象和产卵枝条，完成一天的生理活动。到黄昏时气温下降，成虫又飞向大树休息。

19. 湿度对金蝉是如何影响的？

湿度对蝉卵的影响很大，在孵化季节即使气温达到孵化温度，如果空气湿度低（如在50%以下），则卵很难孵化成功。只有湿度达70%以上时，才能正常孵化。自然界的蝉卵在阴雨天空气湿度大时，孵化速度快、孵化率高。若天旱无雨、天气干燥，则孵化期变长、孵化率低，或有可能孵不出来。另外，金蝉羽化为成虫后，因其翅膀硬化需要晴朗的天气，是不喜欢湿度过大的。因湿度大、空气水分多，会影响其翅膀的硬化。

20. 金蝉是有智慧的动物吗？

古人认为金蝉栖息高处，不食人间烟火，只饮露水，为高洁的象征。那么金蝉作为蝉种昆虫的代表，它会思考吗，有没有智慧呢？答案是肯定的。

有一次笔者捉了两个羽化后的成虫，准备用来拍照片。笔者将把两个成虫放到树上，让它在树上爬，因在拍照中不断调整姿势，逆光和顺光的，头朝上和头朝下的。这两个成虫表现很乖，总是慢慢从低处爬到高处，很配合拍摄，完全没有飞跑的意思，好像是不会飞了。笔者也就放松警惕，认为它不会飞了，于是任其在树上乱爬。当笔者靠近它时，它则爬得很慢；当笔者离它远时，它爬得较快，但绝不飞走。在折腾了半个小时后，它向上爬的速度越来越快，越爬越高。有一个趁笔者转身不注意时，飞走了。原来这两个金蝉慢慢爬是一直在误导笔者，让人认为它不会飞，放松警惕性，然后趁人不注意，展翅逃跑。这说明金蝉是有智慧的，被人捉住后会思考如何逃脱人的掌控。

21. 夜晚如何捕捉金蝉成虫？

捕捉金蝉成虫，在白天可用面筋或化学胶粘捕法，但容易惊飞成虫，捕捉量少。夜晚是大量捕捉金蝉的最佳时机。因为成虫在夜间视力差，一旦受到惊扰，就会向有光亮的地方飞，这便是成虫的趋光性。若是环境安静，成虫一般不会离开树木，即使有光亮也不飞。

至于成虫受到惊扰后，为什么会扑向有光亮的地方，而不向黑暗处飞，笔者认为与金蝉的智慧有关。成虫受到惊扰后不敢向黑暗处飞，它认为黑暗处有不可预知的危险，有光亮的地方才是安全的地方，所以才向亮处飞，就像飞蛾扑火一样。而人类正是利用这种趋光的生物特性来捕捉它们。至于能利用的光可为电灯光、燃放火堆、汽灯和手电筒等。

笔者童年捕蝉的办法就是在树下燃放麦秸或豆草，在燃放前先用鲜草压住火光，用浓浓的烟来熏成虫，熏醒它，然后再加干草燃出熊熊火光，再用脚猛跺树干，用竹竿敲树枝。这时成虫受到惊扰就会直扑火堆，树下的人则一拥而上捡拾被火燎到翅膀不能飞的成虫。

22.蚱蝉是如何产卵的？

成虫羽化后大约半个月，雌虫经交配后开始产卵。产卵一般从6月下旬开始，7月至8月下旬为成虫产卵盛期，9月上旬至10月上旬为产卵末期，11月产完卵后成虫全部死亡。成虫喜欢将卵产在当年生的大约5毫米粗的细嫩枝条（图4-10）的木质髓心部。卵窝一个接一个，多为单行、也有双行的，呈直

图4-10　产卵枝条

线排列，少数弯曲或呈螺旋状排列。每一卵窝内有卵6～10
粒，一根产卵枝内有卵20～460粒，一般为20～200粒，平均
有卵100多粒。每根枝条上有卵穴6～100个。每只雌虫腹内
怀卵500～1000粒，最多2500粒，最少200粒，平均800粒。
雌蝉产卵器是锯状的，很锋利，即使是较硬的枝条都能刺插进
去。每产一窝，向前移动一点，每个枝条产卵一般历时2～6小
时，每天能产1～2个枝条，产后要休息几天再产，一生能产
20～30根枝条。产卵的同时因破坏树枝供水组织系统，使枝
条逐渐脱水干枯死亡，从而对树木造成危害。树枝产卵后则成
为卵枝，表面看起来呈针挑刀刺状粗糙不平，卵枝长度一般在
8～45厘米，其中桃树、梨树、苹果树卵枝短一些，杨、柳及
白蜡条卵枝长一些（图4-11）。

图4-11　枝条中的卵粒

23. 人工孵化种卵要多久？

　　自然界的蝉卵在枝条上越冬，卵期大约11个月，即将近一
年的时间才能孵化出幼虫。因在野外要遭受风霜雨雪及烈日暴

晒，自然孵化率很低，只有30%～40%。一般当年产卵后，在第二年的5～7月温度及湿度达到要求后，才能孵化出虫。自然界孵化最理想的是在5月以后，连续阴雨后，孵化率很高，甚至能达70%以上，但这种情况较少遇见。有时虽然温度适宜，但若久旱无雨湿度达不到要求，还是难以孵化或孵化延迟，故而自然孵化出虫率很低（图4-12）。

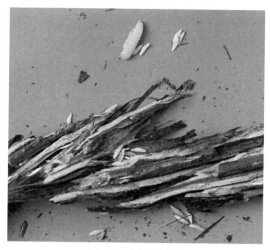

图4-12　孵出的蝉蚁

　　人工孵化大都在室内进行，5月以后温度达20℃以上时，每天向卵枝喷水数次或遇干即喷，1个月时间就能孵化出幼虫来。但若只是将卵枝放在室内不喷水，即使温度高、时间长也不能孵化。一般人工孵出10%～20%的幼虫后，就能将卵枝殖种了。这时用放大镜观察卵枝，可看到种卵由乳白色变为淡黄色，卵壳内的幼虫清晰可见。也有人将卵枝放在室外树阴下，晴天每天喷水数次，阴雨天任其雨淋，也是不错的孵化方法。

24. 小若虫是如何出生的？

卵是如何孵出若虫的？说起来与母鸡孵蛋是差不多的。在合适的温度与湿度下，经过一定时间的孵化后，卵生成了小若虫，出现了四肢与复眼。在出壳之前，小若虫复眼变大变黑，两个前足连接在一起，就像两个鸡爪一样有了力气，于是不停地上下或左右挠动，大约经过1小时的努力后，最终将卵壳划破，小若虫的头先钻出壳，然后将整个外壳蜕掉（这应该视为一次蜕皮），接着又钻出枝条木质部，四肢趴在树枝上观察周围环境，大约半小时后松开树枝，随风飘落地面。这时它落在哪里与其以后的成活率有很大关系。若是飘落的地方离树不远，土地又松软潮湿，它会马上用两个前足挖洞钻入地下，寻找树根开始吸食，这时它的生命也就有了初步保证。若是遇到老蝉蛹出土后留下的蝉洞，它会立刻钻下去——又有房子又有食物，它就是最幸福的幼蝉了。若土地干旱找不到潮湿松软处，则它会找地缝往下钻，一般土地都是有地缝的，所以大部分飘落的若虫都能潜入地下。开始它会在地下10～20厘米深处寻找树的毛细根，刺吸树汁生活。如果在这个地层找不到树根，它会一直下钻到50厘米深处，直到找到毛细根为止。如果飘落到干硬的地上找不到地缝，如果城市乡镇的水泥马路，则它顶多活上一个多小时就会死去。若它飘到地上时遇到死敌蚂蚁，会立刻成为蚂蚁的美餐。如果它飘落下来离树太远，找不到树根吸食，则它生命也不会长久。即使找到了野草根部暂时吸食，也因野草生命短促或汁液太少，顶多能活上一二十天或几个月，终会因缺乏食物而饿死。所以野生金蝉成活率低，有这几个方面因素的影响。

25. 若虫是如何营造房子的？

幼蝉钻到地下幸运地找到树根（毛细根）后，开始刺吸汁液为食。而对于动物来说，维持生命不但要有吃的，还得有房子住。于是幼蝉依附树根凭着天生的本能开始营造房子。它第一次造的房子很小，直径大约1厘米，形状为椭圆形，像花生米或蚕豆一样大小，我们称之为土室。第二次蜕皮后身体长大了，原来毛细根汁液少，不能满足它吸食的需要，它就沿着毛细根寻找稍粗一些的根，并根据它的身体大小再造大一些的房子。再次蜕皮后身体又长大了，就要再找粗一些的树根，再造更大一些的房子。于是它虫龄越大，土室越大，树根也越粗。它的房子也由蚕豆大逐渐变为鸽子蛋—鸡蛋—鹅蛋一样大，最大的房子像人的拳头一样大小，那就是老熟若虫住的土室。它的土室外面粗糙不平，内壁光滑并附在树根上，以便吸食。

至于它是如何造房子的，这对于很多人来说是个谜，也很想弄清楚。因为所有掘土性动物造窝时都是把土弄出地面的，如老鼠等动物，但却不见金蝉把土弄出地面来，难道它把土吃了不成？即使吃了也得排泄出来，况且它并不吃土，只喝树汁。那么它把土弄哪儿去了？

根据笔者观察，金蝉在造房子时，先用两个有力的前足将疏松的土挖下来，这时它的体内会分泌一种黏液将土变成泥巴，然后它就将身体压在这泥巴上，经反复滚压后这泥巴就被压实了，于是土室空间也就有了。为了防止土室塌方，它用两个前足举起泥巴填进干土的缝隙，然后不停地用身体翻滚糊墙，就像泥瓦匠用瓦刀砌墙一样反复涂抹，久而久之，就造成了内壁光滑、外壁粗糙的土室了。应该说它是一位出色的泥瓦匠或工程师。因为重力的原因，土室的上壁是最难糊的，弄不好就会塌方。不过它在地下有充足的时间和耐心，一次不成功两次，两次不成功三次，经过一点一点地涂抹，大约费时1个月，终于可将土室营造完成。小若虫也在一次次的蜕皮中逐渐长大，大小从芝麻—黄豆—蚕豆—鸽子蛋逐渐变化，经第四次蜕皮后变为老熟若虫，直径在3.5～5厘米，体重4.5～5克，其复眼也由白色渐变成粉红色、橘红色、红褐色、黑褐色，最终到黑色，也有了视力，这时它就准备要出土羽化了。

26. 金蝉能把树"喝"死吗？

在对于树木的危害方面，金蝉虽然是一种害虫，人工养殖若密度控制适当，其危害程度完全可以忽略不计。因为小若虫在树下吸食的是毛细根，一个大树有数万个毛细根，树底下即使有上千个金蝉在吸食，也不会影响整个树木的生长。但如果投种太多，造成金蝉密度太大，超过了树木所能承受的能力，则树木会因失水太多出现叶子发黄、长势不旺的现象，但很少有整树被吸死的。一般来说，一至二龄的小若虫多附在细线或牙签一样细的须根上吸食，而三至四龄的若虫多附在竹签或筷子一样粗的侧根上吸食。

27. 金蝉在地下是怎样活动的？

金蝉在地下的活动，主要是适应地温变化而采取下潜或上移活动。大约在3月末或4月初，春暖花开后地温上升，金蝉在地下受到雷电震动（这是它又称雷震子的原因），知道春天来了，则由地下1米左右的深处向上移动，回到原来的土室中继续吸食树汁生活，并在夏季发生一次蜕皮，增加一龄，身体同时也显著长大，为原来的一倍或两倍大。在秋末冬初气温下降后，便又下潜到1米以下的恒温层冬眠，不吃不喝抱爪收腿蜷卧不动。

28. 金蝉殖种后能喷洒除草剂吗？

金蝉种卵下地后，能不能喷洒除草剂呢？回答是又能又不能。

当年5～6月，初孵小若虫下地后，主要生活在10～20厘米较浅地层处，这时就不可以喷洒灭草剂，否则会危及小若虫的生命安全。我们有个养殖户，6月种下的小若虫，在7月挖开地面看时，小若虫密密麻麻的生长良好。因为地里草长得太多，他喷洒了草甘膦和百草枯两种灭草剂，过了1周后草被除掉了，但挖开地面后，小若虫有一部分也给毒死了，实在是得不偿失。那什么时候能喷洒灭草剂呢？三四龄的若虫在地下30厘米较深处生活时，喷洒灭草剂则对金蝉没什么影响。于是得出结论，有一二龄在地表浅处生活的小若虫时，不能喷洒灭草剂；而三四龄在地下深处生活有若虫时，则可喷洒灭草剂。还有一点要注意，小若虫在地下是围绕着树木生活的，离树越近，密度越大；远离树木，则分布减少。因此，在喷洒灭草剂时，离树远的地方多喷，离树近的地方少喷或不喷。当然最好的灭草方式是不喷洒除草剂，而应采取养鹅生态灭草的方式。

29. 天气旱涝如何影响金蝉生长？

在金蝉农场，若天气不旱不涝，树木生长正常、汁液充足，能满足金蝉吸食需要，则金蝉生长良好，两年就能长大出土。若天气干旱无雨，又不能引水灌溉，则树木生长迟滞、汁液少，不能满足金蝉生长的需要，则金蝉生长缓慢，不能正常蜕皮生长，终始停留在某一龄期，会延迟出土。因此，一定要保持树木对水分的需要，不能过于干旱，若久旱无雨，则要想法引水灌溉，以保证树汁充足，满足金蝉吸食的需要。安徽省萧县赵庄镇农民吴新河，种了两块金蝉林地。一块在平地上，能旱涝保收，殖种两年就出土了很多金蝉，树下有很多蝉洞。而另一块地因地势较高，加上当年干旱无雨，又无法灌溉，树木缺水、树汁少，金蝉出土较少、基本未出。由此得出结论，金蝉两年出土还是三年出土，或产量高低，与天气旱涝有很大关系。

30. 金蝉在地下怕水吗？

回答是又怕又不怕。理由是金蝉被水淹后会因无法呼吸而发生窒息，在短时期内（2～3天）并不会死亡，表面一动不动，但其实是假死，并没有真正死去。一旦从水中拿出来，假死的金蝉可以慢慢地活过来。但水淹绝不能超过5天，否则就真淹死了。所以在选择养殖场地时，最好能选择旱涝保收的农田，一定要把能否排涝作为重要条件来考虑，若场地被水淹一定要及时排水。笔者有片金蝉基地曾被大水淹了3天，以为金蝉全被淹死了，但3天后大水退去，挖开地面看到金蝉仍然活着。

31. 金蝉是如何出土的？

金蝉在地下经四次蜕皮后，变为老熟若虫，重约5克，复眼成为黑色，也有了视力，爬动较快，即将出土羽化。在江苏、山东、河南、安徽，金蝉出土时间一般在6月下旬至7月底，气温30℃左右。大雨之后，土质变得潮湿松软，金蝉在地下受打雷震动，知道出土见天的日子到了。它们没有钢牙利爪，对自然界的危害无任何抵抗能力，甚至连蚂蚁都斗不过，唯一能做的就是谨慎加小心。

金蝉在出土前先向上掘洞，人们称其为蝉窟，直径约3厘米，长30～50厘米，一头连着土室，以方便它上下自如爬动。在出土前它很精明，为了防止被天敌发现，它将掘下的泥土向下散落，不会弄出地面被发现。它先留3～5毫米的薄土掩盖洞口，待到太阳落山暮色降临时，它小心翼翼地向上顶破薄土层露出头来——这是它第一次见到天日（图4-13）。当然它也知道会有难以预知的危险在等着它，它不会立刻爬出来离洞而去，而是将洞口扩大向四周观察，若发现有天敌出现，就会立刻缩

图4-13　金蝉出土

回去几个小时不出来，使天敌无可奈何。若观察发现没什么危险，它会爬出洞口，在地面稍作停顿后，便寻找树木或草茎向上爬。若四周静谧无声，则它不会爬得很高，大约在离地半米高的杂草、禾苗、茎叶、树丛上羽化脱壳；若四周人声嘈杂、鸡鸣犬吠，它认为环境不安全，在低处脱壳有危险，会迅速找

到树木向上爬去。直至爬到 4 ～ 5 米的高处，觉得没有什么危险了，才会在树木上羽化脱壳。

32. 动物界精彩的表演——金蝉脱壳是怎样的？

金蝉脱壳，在生物学上是一种变态性的蜕皮，也是金蝉最后一次的蜕变，可以说是动物界一种精彩的表演。它在黑暗的地下数年苦心经营，都是为了这最后一次的华丽转身——长出翅膀、一飞冲天，放声高歌、一鸣惊人。

金蝉爬出蝉窟后，会在附近徘徊几分钟，对周围的环境进行观察判断。因为羽化过程需要两个多小时不能动弹，若遇上天敌就会乖乖成为别人的盘中餐，所以它这次表演是一次危险的表演（图4-14）。当它觉得没有威胁后，就会寻找适宜的地点进行羽化表演。一株小草茎、一棵矮树枝、一片野草叶，或者一个灌木丛，都可作为羽化附着物。它爬上去先用两只有力的大螯像钳子一样紧紧地卡住附着物，接着其他

图4-14　金蝉羽化进行时

四足也一起抓住附着物，身体竖直纹丝不动（注意身体必须是竖直的，与地面呈90°角，否则脱壳就会失败，成为残蝉或死亡），但身体内部组织在激素的作用下与壳逐渐脱离，形成新的躯体（即成虫）。这个时候它是个奇妙的组合体，外层的壳是活的，内部的成虫也是活的。如果这时它受到惊扰，则会停止脱壳羽化，继续爬动逃跑，再寻找安全地点进行羽化。如果周围安全无虞，没有什么危险，可以放心羽化了。金蝉静伏几分钟后，开始了羽化表演。经过一番剧烈的腹部隆起运动后，它外层的皮开始由背上裂开，里面露出淡绿色的稚嫩身体。在皮肤裂开的一刹那，它应该是极度痛苦的，但它毫无所惧，继续进行隆起运动。于是整个头部出来了，两只大大的黑色复眼又明又亮开始观察世界，接着出来的是胸部针一样的刺吸管和两只发达的前腿，最后是后腿与折叠的翅膀（图4-15）。这时候，除掉尾部，它的身体大部分都出来了。眼看就能全部脱出来了，它极力挣扎了几分钟却未能如愿，因尾部仍然被结实的蝉壳牢牢地卡着。这时是它脱壳最关键的时刻，身体一半是虫，一半是蛹，极为白嫩新鲜，这是它作为食品口感最佳的时候，人们很喜欢此时将它捉住取下蝉壳，因为非常洁净，根本无需水洗，可以直接下油锅炸，吃起来非常美味！当然这

图4-15　金蝉脱壳

也是它最危险的时候，为了能使尾部顺利脱出，它极力使身体后仰，头部向下倒悬，折皱的双翼向外慢慢伸直，又竭力张开。然后用一个漂亮的仰卧起坐的动作，用力翻上来，这个动作使尾端终于从壳中挣脱出来。这时全身都出来了，它脱壳成功了（图4-16）！它的身体全部脱出后，身体瞬时悬

图4-16　脱壳后挂在树枝上

空了，翅膀太软又不能飞，它会及时伸出两支前足抓住它的壳，然后挂在壳上静止一个多小时，好像是对原来的外衣恋恋不舍，其实是在慢慢地硬化翅膀以待飞翔。当然也有的时候它抓不住蝉壳，但总能抓住树枝、草茎类的其他附着物不摔下来，这是它的本能。这个时候它就能称为知了或炸蝉了，与在地下掘土的苦行僧蝉蛹完全不是一回事，最大的变化就是它长出了翅膀，马上就能飞上高枝，把树木当成家，把蓝天当成舞台了。当然，这个刚得到自由的知了，短期内还不

十分强壮（图4-17）。在它柔弱的身体还没有精力和漂亮的颜色以前，必须尽情地沐浴空气、夜色和月光，以使自己身体由白色变成黄色再变成黑色，翅膀也由绿色变成棕色再变成黑色，并逐渐强硬。大约挂在壳上两个小时后，就可以展翅飞翔。一飞冲天、一鸣惊人的壮丽生活从此开始。

图4-17　脱壳后挂在瓜蒂上

五、金蝉养殖新技术

1. 华鑫公司关于金蝉养殖的发明专利创新点是什么？

华鑫公司关于金蝉养殖发明专利是2017年8月15日申请成功的，专利申请号：201710698024.2，专利名称：一种金蝉快速高效人工养殖方法，发明创造人：马仁华（公司总经理）（图1-10为发明专利受理通知书）。

本发明创新点在于它是一种能通过人工控制的快速高效养殖金蝉的方法。提供种卵适宜的存放环境，避免种卵被自然不利因素损伤；提供适宜的温度与湿度，缩短种卵的孵化时间，提高孵化出虫率；选择适宜的土壤、寄宿植物与优良种卵，防治病虫害，延长适温时间，使幼虫健康快速生长，提高蝉蛹出土成活率；增大单位空间的养殖密度，缩短养殖周期，增加产量，从而提高经济效益。

2. 如何实现金蝉养殖的高效性？

华鑫公司的发明专利技术措施将采用以下方案来实现。

（1）建立温室大棚　一个大棚的面积一般为667米²（1亩地）较为适宜，高度3米。为便于采光升温，温室大棚要坐北朝南，建在地势较高、不会遭水灾、远离使用农药和较为僻静的地方，墙壁要建造双层的内、外砖墙，中间用珍珠岩、蛭石、棉花等保温材料填充，以备冬季保温，再用水泥或白灰把表面抹光以防腐蚀，在北墙和南墙留三高三低6个窗户，东西墙各留一门一窗，以利于通风换气，大棚中间的土地用水泥硬化或铺上地砖，以利于行走管理。也可建成标准钢骨自动控温大棚，不过投资要多一些。大棚建好后，可将卵枝移入以待孵化。

（2）焊制多层次栅架，用来摆放卵枝　因卵枝长度一般为0.45米左右，为方便栅架移动与管理，充分利用空间，栅架高度一般为1.7米，长度为2.5米内，宽度为0.38米左右，7～8层（图5-1、图5-2）。因棚内湿度较大，栅架用材一般为不锈钢。这样一个大棚内可存放卵枝500万支左右。如此高密度存放，空间利用率高，不仅便于管理，也节省了升温成本。当然农户小规模孵化，也可用简易的孵化床（图5-3）。淘汰的货架也可用来孵化卵枝。

图5-1　立体孵化栅架

图 5-2　淘汰的货架　　　　　图 5-3　简易孵化床

（3）保持高温、高湿，快速孵化种卵　可在大棚内建造缓升式火道或用空调，孵化种卵期间保持大棚内的温度为 28 ～ 33℃，昼夜温差不超过 5℃，空气湿度为 80%～ 90%。若空气湿度小，可向卵枝洒水增湿。在夏季，为防止烈日暴晒损伤种卵（蝉蚁），大棚上面可覆盖遮阳网或深色毛毡。也可用上下两层塑膜中间夹草苫子（或毛毡）的方法来遮光及保温保湿。

3. 如何为幼虫提供充足的营养？

（1）树间密植大豆，间接促进若虫健康生长。大豆产生的根瘤菌，有改良土壤、提高地力、减少化肥投入、降低土壤板结、增强植物抗病和抗旱能力的作用。在树间密植大豆，能直接促进树木茁壮生长，为若虫提供充分营养，促使其健康快速生长。同时大豆还能自然滋生一种特别的昆虫豆青虫，营养价值与经济价值都很高（图 5-4）。

图5-4　蝉林套种其他农作物

目前在山东、江苏等地鲜活豆青虫的市场价格是每千克200多元，一亩地可产十几千克豆青虫，经济收入可达2 000多元，加上大豆的收入，一亩地可另外增收3 000多元。

（2）在准备养殖金蝉的树下，提前2个月左右覆盖一层麦秸或稻草，洒水浸透，这样可使树长出大量毛细根，给蝉蚁的落地生长提供充足的食源和良好的环境。

4.如何为金蝉生长延长适温时间？

为了使金蝉延长生长适温时间，加快其生长速度，在进入秋末冬初气温下降时，用稻、麦、玉米秸等干草覆盖树下，不仅能起到防冻作用，还能延长适温时间，使金蝉正常取食，加快生长速度。实践表明，此方法能使大部分若虫延缓进入休眠，在一年中多生长两个多月，经两年左右就能完成4次蜕皮成为蝉蛹出土，剩余少部分若虫到第3年可全部成熟。虽然若虫在地下的生长周期缩短了，但完全经历了自然生长过程，口味与营养丝毫不比野生金蝉差，仍是真正的野味。

5.金蝉的种源容易采集吗?

金蝉的卵、老熟若虫(蝉蛹)、成虫均可作为种源采集,一般掌握采集技术后,很容易采得。但从运输、保管、孵化等方面来说,主要的种源是卵枝。

6.如何采集卵枝,如何消毒灭菌和营养卵枝?

(1)采集卵枝 每年8~9月是采集蝉卵枝条的适宜时间。小枝条被金蝉成虫产卵后会慢慢干枯死亡,所以大多数下端青绿而末梢干枯的枝条一般都产有蝉卵。卵枝表面粗糙呈针刺刀挑状,掰开能看到白色长椭圆状卵粒就可剪下作种了。在剪枝时,要去除末梢多余无卵部分,长度在0.3~0.45米(苹果枝、桃枝短些)(图5-5),杨、柳、白蜡枝条长一些,100枝扎成一捆。

图5-5 果枝产卵后干枯

在扎捆时要注意松紧度适宜,即捆得不能太紧,以免伤到种卵或影响卵粒呼吸,但也不能太松容易散落,以免影响堆放和运输。卵枝存放的适宜地方是阴暗潮湿的房间,一般不要在烈日下长久暴晒。当年的蝉卵因有休眠期要形成胚胎,不会孵化出金蝉的幼虫,所以当年的种卵是不能殖种的。

（2）卵枝的消毒灭菌　一是将卵枝移到室内或大棚中，经常通风透气，保持孵化室的空气新鲜，还要常检查卵枝有没有霉变迹象。如果发现有白点状的霉菌出现，拿到太阳下暴晒一下或强力冲洗再暴晒即可灭菌。二是用食用碱溶液、3%洗衣粉溶液或将锅底灰混合到水中，浸泡卵枝10分钟左右能够杀死寄生虫和细菌（图5-6）。

图5-6　存放卵枝的大棚

（3）营养卵枝　用0.1%的葡萄糖粉，兑水后用喷雾器喷洒卵枝，可为长期储存于枝条内的种卵补充营养，以延长种卵生命，并使孵化出来的幼虫有活力、体格健壮，成活率高，生长快。

7. 蝉蛹能留种吗？

若是将蝉蛹作种源，可将其放入纱网大棚中任其羽化产卵（图5-7）。

图5-7　产卵纱网大棚

专业蝉林留种方法：根据市场卵枝供求状况，可在捕捉季节末期（一般在7月下旬）撕掉胶带，任凭一部分蝉蛹爬到树上羽化产卵。如此可控制蝉蛹（商品）与成虫的比例关系。

8. 捉到成虫后如何作为种源？

若是将成虫作为种源，将捕捉到的成虫放入纱网大棚或专业蝉林中任其产卵即可。为了获得更多的野生种源，也可采用筑巢引凤的方法，栽植适合金蝉口味的速生白蜡树，吸引野生金蝉来产卵留种（视频5-1　知了在纱网鸣叫产卵）。

9. 各种卵枝的优点与缺点是什么？

目前市场供应的卵枝主要有苹果树卵枝，杨、柳树卵枝和白蜡条卵枝。如何选择金蝉卵枝大有学问。在众多金蝉卵枝条中，白蜡条卵枝是上佳的卵枝：白蜡条枝是黄色的，柔软细长、有韧性，易于采集，运输搬移也不易损毁，还能很好地保护种卵，且容易孵化、方便保存、孵化率高、卵存活时间长，市场价格也比较高（图5-8），目前售价一般在0.6～1.2元/枝，高的甚至达5元/枝。白蜡条卵枝一般在50厘米左右，所含卵粒较多，一般在100个以上，多的甚至有200多粒，平均150粒左右。

图5-8　白蜡条卵枝

　　杨树卵枝颜色也是黄色的，但比白蜡条浅一些，也好孵化，只是卵枝内各种病菌（霉菌）非常多，由于树质松软，其他害虫也喜欢把卵产在枝条上，孵化起来其他先孵化出来的害虫容易把金蝉卵吃掉，而且在夏季孵化杨树卵枝的时候因含有螨虫霉菌容易导致人感染，出现浑身奇痒症状且不好治愈；一般杨树卵枝也较长，在45厘米以上，所含卵粒一般在80～150粒（图5-9），平均120粒左右，目前市场价格一般为中等价，在0.5～0.8元/枝，但在供应紧张时也有1.5元/枝以上的价格。

图5-9　杨树卵枝

　　果树卵枝目前在市场上供应量最大，70%都是果树卵枝，大部分都来自于果园，有梨树、桃树和苹果树卵枝等。果树卵枝因供应量大，价格也优惠一些。果树卵枝颜色为浅黑色，长度比白蜡及杨树卵枝短一些，在20～35厘米，所含卵粒也略少，一般在50～120粒，平均100粒左右，市场售价也偏低，为0.4～0.6元/枝，夏季殖种旺季供应紧张时也有1元/枝以上的价格（图5-10）。

图5-10　果树卵枝

10. 如何孵化卵枝，孵化率有多高？

　　我们的技术是模拟自然界种卵孵化过程，提供高温、高湿的孵化环境，促使种卵尽快孵化出虫。野生金蝉种卵在越冬时因气温低有休眠现象，要1～2年才能完成孵化过程。而按本发明提供适宜的条件后，35天左右就能孵化出虫，这使得养殖周期缩短了1～2年。孵化时温度要求持续保持在28～34℃，昼夜温差不超过5℃，空气湿度为80%～90%。如此可使种卵孵化出虫率达98%以上，比自然界高3倍左右（视频5-2　金蝉孵化）。

11. 人工孵化有几种形式？

（1）栅架立体高密度多层次孵化　安装自动洒水装置，定时定量向卵枝上洒水，保持孵化环境的高温、高湿，使种卵尽

快孵化出虫。一般进入5月气温较高时，就可以对种卵进行人工孵化，一个多月后幼虫就会陆续出来了。采用栅架孵化是目前工厂化金蝉养殖模式，具有管理方便、空间利用率高、升温成本低等优点，是值得大力提倡的孵化方式（图5-11）。

图5-11　多层次高密度孵化栅架

（2）平面低密度孵化　一是在孵化盆中对种卵进行孵化（图5-12、图5-13）。孵化盆一般为婴儿洗澡的长形大塑料盆（圆盆也可），高度25厘米，长度70厘米，盆中放入细沙土（养土），厚度10厘米左右，再用水将养土喷湿，湿度以手抓成团落地散开为宜。为防止蚂蚁危害种卵，可用灭

图5-12　孵化盆

图5-13　简易孵化法

蚁药强氨精100倍液对卵枝进行浸洗，然后根部向下放入孵化盆内。每天向卵枝喷水数次或遇干即喷，保持卵枝的潮湿。二是将卵枝放在室内喷水增湿，快出虫时移入孵化盆中。三是专业蝉林可放在树荫下，晴天喷水保湿（图5-14），雨天任其雨淋，也是可用的孵化方法（视频5-3　人工喷水孵化卵枝）。

图5-14　卵枝放在树下喷水或下雨自然孵化

（3）采集活体种虫　有两个方法：一是备好若干个孵化盆，在盆中先种植玉米，在玉米出芽后长到10厘米以上时，将快要孵化出虫的卵枝移入，为先变态的小若虫提供营养，让其健康生长。到6月上旬孵化盆中就爬满白色的小若虫了，这时将卵枝移开，就可直接投种了。二是将卵枝放在栅架上，下面布置一块大的塑料布兜住卵枝，中间剪个洞，形成一个漏斗，下面放置孵化盆。向卵枝喷水保持湿度，小幼虫就会陆续孵化出来落入盆中（视频5-4　盆中孵出的蝉蚁）。

12. 殖种要注意哪些事项？

（1）选树　若选择木本植物作为金蝉的寄主植物，为了快速养出品质好的金蝉，第一是选择口感好、无异味的树种，例如柳树、白蜡、杨树、榆树、泡桐树、法桐树等（图5-15、图5-16），还有蔷薇科的植物如柿子树、苹果树、桃树、梨树、橘

图 5-15　速生竹柳苗

图 5-16　速生二年竹柳

子树、山楂树、李子树等常见的果树类都可以养殖，即一般的阔叶树种都可以养殖金蝉。不适合养殖金蝉的树种主要有松树、柏树等针叶树种。判断某一个树种能不能养殖的最好办法，就是观察某种树下有没有野生金蝉出土，有就能养殖。所以农村常见的树种都能发展养殖。第二是选择根系发达、生长迅速和枝叶茂盛的树种（图5-17），如柳树、速生白蜡、杨树、榆树、泡桐树、桃树、苹果树、梨树等，为金蝉若虫提供充分的营养汁液，促使其快速生长。两个条件综合起来，首选的就是柳树与白蜡，但一定要种植速生柳树（竹柳）。第三是选择至少3年以上的树木。若树龄短、树根小、汁液少，就不能为密殖的若虫提供充足的营养，将会影响若虫的快速生长。第四为保证小若虫及时吸食到营养汁液，在树木间可种一些根茎类植物，如大豆、土豆、甘薯和山药等。

图5-17　柳树蝉林

因近年来金蝉产品涨价较快，今后还有上涨之势。笔者关于金蝉产品的发展目标是在十年内追求高产量，即寻找适宜的土地——沙土地，种植根系发达的树木，如柳树（或榆树）作寄主植物，并且实施密植措施，让金蝉的产量更高。一亩地栽种柳树180株或200株，为了使树根快速生长，实行截头助根方法，不让树干长得太高，一旦超过4米，就截掉头部。具体种植方法：亩种180株行距、株距为2.5米×1.5米；亩种200株行距、株距为2.4米×1.4米。并以金蝉养殖密度控制树木生长速度——一旦觉得树木长得过快过大，就加大殖种密度，多投卵枝，多孵幼蝉，使大量的幼蝉在地下吸食树汁，如此便可抑制树木过快生长。

对于要养金蝉的人来说，何时购买种卵好呢？一般回答自然是种植旺季买种最好，买了就种，不占资金。但旺季买种仅适用一般供种充裕的普通农作物，如稻、麦、玉米之类，而不适用金蝉养殖。根据作者十多年的养殖金蝉经验，凡是沾着金蝉边的物品（如金蝉鲜品和金蝉种苗），市场都是供不应求。尤其是夏天殖种旺季，所有供种厂家的种卵几乎都卖完了，不是种价飙涨，就是断货，常常出现一枝难求的现象。那么何时买种合适呢？回答是在殖种淡季购种，不仅能买得到，价格还便宜。如殖种过后的当年秋季至第二年春季，这段时间是殖种淡季，种苗都是能顺利买到且低价的。如2017年秋季果枝种卵价格最低，甚至0.3元/枝。从当年秋季到第二年春季，市场上种卵价格有逐渐涨高的现象，即越靠近殖种旺季，价格越高，6月涨到最高，因供求紧张，可能会高到不可思议的地步，一根卵枝能卖到6元钱！所以买种与殖种的适宜方式是淡季买种，旺季殖种，这样就达到了成本低、效益高的目的。

（2）选土　选择适宜殖种的土壤：过去人们认为不管什么土地（如淤土、沙土、红土、黑土、壤土等）都能种树养蝉，其实不然。为了幼虫的快速健康生长，要选择土质松软、不易板结、向阳防冻、肥沃无污染的土地，不能过于干燥，也不能含水量过高或存在积水现象，以保证寄主植物根系正常生长、发达多汁。因金蝉幼虫较为稚嫩，若是遇到易于板结的淤土和红土，则很难钻入土中。只有松软的沙土小若虫才能很快下潜入土找到树根吸食，开始正常的生长过程。因此，养蝉基地最好是沙土地，其次是壤土。实践证明，沙土地养殖的金蝉有成活率高、产量高、口感好等特点，因此沙土是理想的土壤。

另外，因化肥及农药对金蝉有一定的伤害，在选土时，最好是选择未使用过化肥农药的土地。因化肥农药使用过后，会沉淀到土壤中去，有的甚至会下沉到地下100多米的地方，这样的土地可称为被污染的土地，若在这样的土地上养殖金蝉，则有可能会伤害金蝉，或影响产量。若实在找不到无污染的土地，在种下芦笋后，可用土地修复剂对土地进行修复（笔者公司研制并有售），连用3个月左右，被污染的土壤基本就修复好了，这时，就可殖种金蝉种苗了。要切记的是，土壤修复好后，以后最好不再使用农药化肥，以免造成第二次污染。

（3）选时　即夏种。过去认为，每年4月是金蝉殖种季节（即春种）。根据我们的养殖经验，金蝉最佳殖种时间是6月中旬，也就是夏种（麦收前后），其根据是：①夏季气温高，不会出现冰、雪、霜、冻等异常天气，是金蝉生长发育的适温季节，种卵或幼虫在存放、孵化、殖种和运输中比较安全；②因气温高，种卵易于孵化，基本不用加温或稍加温就能孵化出虫；③夏季地温高，小若虫在地下易于成活，生命力强，生长快；④因气温高，树木吸收地下水分功能增强，树汁流动性加快，幼虫能吸食到充足的营养，从而生长加快；⑤野生金蝉也是在夏季完成孵化和殖种过程的。

夏季虽是殖种适温季节，但也不能太迟，最晚在7月底，若过了7月还没有种下去，已经孵化出的幼虫就会大量衰亡。俗话说"金蝉老小不见面"，小的即指小幼虫，老的就是老熟若虫（蝉蛹）。也就是说，在老熟若虫出来之前，小幼虫一定要种下地。种卵孵化可在4月下旬或5月初开始，到了6月上旬，一部分种卵已孵化成小若虫，这时就可投种了（视频5-5　金银花地投种卵枝）。

13. 过去的投种方法有何不妥，失败的原因是什么？

在投放卵枝方法上，过去农民投种方法是根据民间传说，想当然地将卵枝挖坑埋入地下浇上水，以为就能养出金蝉来。实践证明这种方法蝉蛹成活出土率很低，仅为3%～5%。很多人用此方法虽然埋了不少卵枝，但产出的金蝉却寥寥无几，有的甚至"颗粒无收"，养殖基本上失败。其原因主要是将未孵化的卵枝埋入地下，下雨后泥土堵塞了产卵孔，将需要呼吸有生命的卵粒窒息了，也就是闷死了。二是地下过于潮湿，使高蛋白质的卵粒变质腐烂了，结果使90%以上的种卵死亡了。也就是说孵化过程要在地上进行，不能在地下孵化。

14. 华鑫公司在投种方法上有何优点？

华鑫公司按照发明专利投种方法，完全避免了上述弊端，主要方法：一是模拟自然殖种过程，或将卵枝撒放在树下，或将卵枝插在树周围（图5-18），或将卵枝三五个成捆挂在树干上，让孵出的小若虫自动顺着枝条（树干）爬下来钻入土壤中。这样就避免了卵粒窒息和腐烂变质，提高了成活率。二是在投

图5-18　卵枝缚在树枝上喷水或自然孵化

种前采取拔草松土灭蚁措施，并在雨后土地松软时投放卵枝，这样可使小若虫顺利入土且不会受到伤害。若天旱无雨，则浇水将土地软化（图5-19）。三是晚上或阴天时投种，避免烈日暴晒。投种后用发酵过的稻草覆盖在卵枝上遮光，让晚孵出的幼虫不会受损。实践表明，按此方法可使蝉蛹出土成活率达60%，比现有技术高10倍（图5-20）。

图5-19　卵枝挂在树上自然孵化

图5-20　芦笋投放卵枝育金蝉

15. 如何投放活体种虫？

选择适宜的时间，将孵化成的小若虫直接投放在潮湿松软的土壤里。这时可看到小若虫很快就钻入土中，转眼间就不见了踪影。这种方法可使蝉蛹出土成活率达70%。但这种方法对技术要求高，活虫也不宜长时间远途运输，不如运送卵枝安全方便。

16. 何为适宜密度投种？

根据寄宿树木的大小新老情况，每亩地投放卵枝1 000 ～ 3 000枝，以保若虫最低成活率和提高亩产量。其中投种原则是：老树多投，新林少投，柳杨多投，桃李少投，林密多投，林稀少投。对于刚种的小树，每亩地可投卵枝1 000枝左右，或每棵树投种5枝左右；若是用较大的杨、柳树等作寄宿植物，投种则论树不论亩，一棵大树可投卵枝50 ～ 100条。投种方法是将卵枝分成小捆缚在树的周围，每天不断喷水（雨天除外），促使蝉蚁尽快孵化出来。若是果树间套殖，则视果树大小及生长情况，适当降低投放密度，每亩地投2 000枝左右（具体投种多少可向作者详细咨询）。

17. 金蝉基地如何灭草？

对于新的金蝉繁育基地，因树小林稀郁闭度小，野草会大量疯长，影响树木的生长（即草压树），这时就需要进行除草。按一般除草方法，一是找农民工锄草，二是打灭草剂。在当下农业工资大幅度增长的情况下，用人工锄草不仅成本高而且效率很差。用灭草剂也不行，因金蝉幼虫刚种下地，还在土壤的浅层生活，若打灭草剂会将幼虫同时杀死。这两个常用的灭草方法都不好使，难道就任凭野草生长吗？

我们经过思考与实践后，找到了一个四全齐美的方法：既能有效灭草，还不需要人工，更不会影响金蝉生长，还能产生经济效益的生态种养殖方法——养禽灭草（图5-21）。禽类有鸡、鸭、鹅等，最好是养鹅。具体方法是将金蝉基地用铁栅栏围起来（养蝉基地一般都要围起来），根据野草生长情况，每亩地养鹅10 ～ 20只，让鹅来执行灭草任务。众所周知，鹅适应性好、抗病力强，对环境条件要求不高，是灭草的高手！鹅在灭草的同时，还能为基地的安全报警。鹅粪还能肥地，养鹅之后就不用施肥了。因鹅肉是绿色营养保健食品，养鹅更能产生可观的经济效益：鹅长大后一般有10千克左右，现在活鹅市场是每千克15元，一只鹅可卖200～300元，一亩地能收入2 000～3 000元。这样一来，金蝉基地养禽（鹅）便达到4个目的：灭草、报警、肥地、赚钱，是一种理想的生态良性循环种养殖模式。

3年过后，树长大了林分郁闭度增大，就会出现树压草现象，即使蝉林中有一些稀疏的野草，也不会影响树木生长了，这时就不用养禽灭草了。

图5-21　蝉林养禽一举多得

18. 室内花盆试验性繁育方法成活率有多高？

选择较大号花盆或玻璃鱼缸，高度0.5米左右，用沙土或壤土作为养土，栽种根系发达的植物，如柳树、杜仲和树型金银花等，待根系布满花盆时，将活体种虫投入盆中。这是一种高密度室内（或大棚内）养殖新方法，有可移动、不冬眠、生长快、成活率高、管理方便、易于观察、产量高等优点，因室内温度适宜，经18个月左右小若虫就能长大出土了。目前采取花盆室内养殖方法，每0.4米²、高度0.5米的玻璃鱼缸，可繁育金蝉100只左右，成活率达80%。

19. 华鑫公司发明专利综合效果如何？

采取华鑫公司专利技术后，可使蝉蛹出土成活率达60%～80%，比现有技术高10倍。目前在果园低密度套殖金蝉亩产50～80千克，金蝉农场高密度养殖亩产量100～300千克，是现有技术的10～20倍。

华鑫公司发明专利产生的有益效果是：

（1）生长周期短　改变了金蝉冬眠习性，缩短了生长周期，使其由3～5年缩短到2～3年。其中，卵期由1～2年缩短到35天左右，若虫期由3～4年缩短到2～3年。

（2）繁育成活率高　提供适宜的孵化与生长环境，将老熟若虫出土成活率由6%～10%提高到60%～80%。

（3）产量高　选择适宜的土壤、提供适宜的寄宿植物，使金蝉亩产达100～300千克，比现有技术亩产量高10倍以上。

（4）病害少　对种卵及殖种环境采取了防疫措施，有效地防止了病虫害对种卵和幼虫的危害。

（5）成本低　采取立体多层次工厂化孵化方法，一个大棚可孵化卵枝500万支左右，充分利用了空间，节省了加温成本。

（6）经济效益高　目前一般农作物（如小麦大豆等）亩产纯收入为1 000元左右，金蝉亩产纯收入为1万～3万元。

六、金蝉病虫害防治

1. 金蝉的病虫害有哪些？如何灭蚁？

金蝉的害虫有蚂蚁、瓢虫、蛾子、小花椿及旋小蜂等，但主要是常见的蚂蚁。金蝉幼虫极为娇嫩，很容易受到蚂蚁的伤害，可以说蚂蚁是蝉蚁的最大天敌，其主要是在蝉蚁孵出后入土前危害。蚂蚁体格比蝉蚁大很多倍，是不折不扣的庞然大物，曾有人观察，一个蚂蚁在1分钟内就伤害了5个蝉蚁。因为蝉蚁太弱小了，没有任何防御能力，对于蚂蚁来说就是纯粹的小鲜肉。蚂蚁遇到蝉蚁，就像《西游记》中妖怪遇到唐僧一样，扛起就往洞里跑，而且很快就会招呼来很多同伴来危害蝉蚁。金蝉卵期与若虫的最大敌害就是蚂蚁，许多人养殖产量低或失败的原因也与蚂蚁有很大关系。所以在殖种时，一定消灭蚂蚁才能下种，否则失败的概率是很大的（图6-1）。防治蚂蚁技术上并不复杂，孵化时在塑料盆中注入清水，倒进强氯精100倍液（图6-2），将卵枝在水中浸泡

图6-1　灭蚁药

一下，即可杀灭卵枝上的蚂蚁。种植前一天在林地撒上灭蚁药基本能消除蚁害。也可用沾过强氯精发酵后的稻草，均匀覆盖在卵枝上，待幼虫钻入地下后就不怕蚂蚁了。见效的蚂蚁药有灭蚁净、虫虫占队，以及山甲牌和绿叶牌灭蚁饵剂等，每棵树边撒一点即可。只要药物合适，一般不会影响小蝉蚁的存活。

图6-2 强氯精

2. 如何预防蚂蚁？

（1）利用大棚养殖金蝉时，一旦发现蚂蚁，可把猪骨放入棚内来诱杀蚂蚁。如果蚂蚁太多，可用开水泡杀土壤中的蚂蚁。

（2）定期用生石灰或六六六粉或用萘（臭丸）50克，锯木屑250克混合在一起拌匀，制成毒饵，撒在大棚或养殖室周围，防止蚂蚁进入。

（3）用25克蜂蜜、25克硼砂、25克甘油、250克温水混合拌匀，放在大棚四周蚂蚁经常出没之处诱杀。

（4）用盆养殖时，要选用无蚂蚁及蚂蚁卵污染的泥土，可用开水将养土浇透，然后放在阳光下暴晒，以杀灭混在泥土中的蚂蚁或蚂蚁卵。也可用专门的灭蚂蚁药来喷洒或浸泡卵枝来杀灭蚂蚁。

3. 金蝉卵期的天敌是什么？

金蝉卵期主要的害虫是旋小蜂，属节肢动物门、有颚亚门、六足总纲、昆虫纲、有翅亚目、膜翅目、小蜂总科。这是一种寄生性的害虫，大小同蚊子，是蝉卵的天敌，专掏枝条里的卵吃，有时甚至能吃掉10%以上的金蝉卵粒。对付旋小蜂的办法，一是在孵化之前将孵化室内打一遍灭蝇药，然后再将卵枝移入孵化室；二是发现旋小蜂后用电蝇拍击杀之。

4. 金蝉幼虫期的天敌有哪些？

金蝉幼虫期即蝉蚁期，此期的天敌有瓢虫、蛛蛛、螳螂、蛾子、蚂蚱和红色小花蝽等，其中危害最大的仍是蚂蚁。图6-3为蛾子捕食幼蝉。

图6-3　蛾子捕食幼蝉

5. 瓢虫是如何危害金蝉幼虫的？

瓢虫即我们俗称的花大姐，属翅鞘翅目、瓢虫科，别看长得漂亮，其实是一个超级杀手。作者曾观察到瓢虫吞吃蝉蚁，就像人吃油炸金蝉一样大快朵颐，转眼之间就吃了好多个。而且分布极广，对蝉蚁危害较大。防治方法是用杀虫剂如氯氰菊酯类进行防治。

6. 小花蝽是如何危害蝉蚁的，如何防治？

小花蝽是一种节肢动物门、昆虫纲、半翅目、花椿科类的动物，在中国分布很广，能捕食蝉蚁、蚜虫、螨虫和粉虱等害虫，是一种既好又坏的昆虫，具有重要的农业灭虫方面的利用价值。

小花蝽的成虫期，体长2～2.5毫米，全身具微毛，背面满布刻点。复眼，喙及腹部黑褐色或黑色，头短而宽，喙短，有触角4节，淡黄褐色。前翅缘片前边向上翘起，各足基节及后腿节基部黑褐色，其余为淡黄褐色。雄虫左侧抱器螺旋形，背面有一根长的鞭状丝，下方有一齿较小，右侧无抱器。

小花蝽若虫期，一般4龄，少数3龄或5龄。初孵若虫白色透明，取食后体色逐渐变为橘黄色至黄褐色，复眼鲜红色，腹部第六、七、八节背面各有一个橘红色斑块，纵向排成一列。小花蝽成虫与若虫都能危害蝉蚁，防治可用杀虫剂毒死蜱、噻虫嗪等。

7. 金蝉在地下生活会受到哪些危害？

有人说金蝉在地下生活是十分安全的，根据是病虫害一般都在地上发生，金蝉入地半米深，没有什么病虫害能危及若虫。但凡是生物都有天敌，金蝉在地下的天敌主要是细菌类病害，如白僵菌、绿僵菌、虫草菌等。这些病菌将金蝉致死后虫体呈红褐色，变软，一般都有臭味，致死率大约为5%。但事物要一分为二来看，金蝉若虫被虫草菌致死后，变成了比金蝉价值还高的另一类衍生物——金蝉花（图6-4），又称为大虫草，价值与价格都比金蝉高很多。有人还专门研究如何使金蝉感染上虫草菌，生出金蝉花来。笔者也正在研究这个课题，相信不久就会有成果的。

图6-4　金蝉花

8. 如何防治白僵菌对成虫的危害？

白僵菌是一种子囊菌类的虫生真菌，主要种类包括球孢白僵菌和布氏白僵菌等，常通过无性繁殖生成分生孢子，传染性很强。白僵菌的分布范围很广，从海拔几米到海拔2 000多米均发现过白僵菌的存在，白僵菌可以侵入6个目、15科、200多种昆虫、螨类的虫体内大量繁殖，同时产生白僵素（非核糖体多肽类毒素）、卵孢霉素（苯醌类毒素）和草酸钙结晶，这些物质可引起昆虫中毒，打乱新陈代谢，以致死亡。

白僵病是金蝉成虫感染白僵菌引起的，在卵枝存放期间，由于孵化器具消毒杀菌不彻底或孵化器内高温、高湿，导致大量白僵菌繁殖。卵若染上白僵菌影响孵化出虫率，并使孵化出的若虫死亡。

防治方法：①做好孵化器具和养土的消毒灭菌工作，取清洁的细沙或无壤土，经暴晒或蒸汽消毒后作孵化土。②保持养土适宜的湿度，特别是在高温梅雨季节，养土更不能过湿，一般是20%左右为宜。③孵化盆内若有很多若虫孵出时，可于1个星期内将卵枝取出并换新鲜养土，以免小若虫被饿死造成损失。

9.如何防治绿霉菌的感染？

绿霉病又叫黑斑病、绿僵菌病。此病是由一种绿霉菌寄生在蚱蝉体表引起的发病，多发生于6月中旬到8月底的高温潮湿季节，此时也是各种霉菌生长最旺盛的季节。当蚱蝉感染上绿霉菌时，就会在体表大量繁殖，还会传染给其他蚱蝉，造成大流行，导致很多的蚱蝉死亡。

此病初期，在发病金蝉的胸部或腹部，或两个体节折叠的皮膜上，或附肢的关节皮膜上出现黑色或绿色的小斑点，这便是霉菌在此寄生后菌丝放射出的孢子。此时，菌丝已在金蝉体表大量繁殖，病金蝉体表失去光泽。随着病菌进一步扩散繁殖，病金蝉出现附肢僵硬、难以爬行或飞行困难、行动呆滞迟缓、离群独居或很难跟上群蝉的迁移速度。同时，不食不饮逐渐枯瘦，腹面完全变黑而后死亡。死亡的金蝉有的趴在树枝上一动不动，更多的是死后掉落在地上或挂在草丛上。由于发病过程中霉菌孢子可弹射于空气中或遗落在树枝上和地上，被健康蚱蝉沾上后又可在它们身上生长繁殖引起病变，因而本病传播速度快，常引起大流行，导致大批金蝉死亡。

防治方法：主要是针对室内、大棚内或纱网大棚中金蝉的防治，而对于野外金蝉的发病，则是难以防治。

（1）加强日常管理　对于常用的孵化盆、喷水用具应经常刷洗，在高温梅雨季节，要用对金蝉无害的消毒药品进行消毒。

（2）调节好养殖大棚空气的相对湿度及养土的含水量　在长时间阴雨天里，应加强通风，必要时开启排风设施，使大棚内外空气对流，减少霉菌繁殖的机会，并应经常性贮备干燥的养土，如孵化盆内养土过湿，可考虑进行部分更换，以让干土吸取湿土中的水分，达到调节养土含水量的目的。

（3）细心观察　尤其在高温、梅雨季节，要加强金蝉群体的观察，发现活动异常、体表色泽异常等一些个体，应及时捉出，仔细检查，一旦确定为绿僵菌病，应尽快丢弃，并将孵化盆、繁育盆全面清理，发现患病个体立即进行杀灭，方法是深埋或焚烧。将用具等物也一并进行严格的消毒处理后再使用，消毒药品可选用3%的福尔马林、克霉灵或1%～2%的漂白粉等。

（4）大棚内周围、繁育室的墙壁、门窗及空气中都应用喷雾器喷洒1%～2%漂白粉，以杀灭可能残留的绿霉孢子，防止再传播。

（5）饲养人员在操作时也应注意自身的消毒，每个孵化棚、繁育室门口最好设有消毒池，每间饲养舍最好配有相应的工作服、工作帽等，从一间繁育室进入另一间繁育室内应消毒、更衣。

10. 蝉蛹出土后的天敌有哪些？

蝉蛹出土后，因没有任何防御能力，蟾蜍、蛇、老鼠、刺猬、野猫、鸟类、鸡、鸭等动物都是它的天敌。但这些天敌危害数量是不多的，不算严重。笔者认为，蝉蛹的最大天敌应该是人类，只有人类的狂捕滥捉能使它急剧减少，并趋于灭绝。若不开展人工养殖，恐怕地球上再也见不到这位大自然的歌手了。

11. 金蝉林能使用草甘膦等灭草剂吗？

答案是既否定又肯定。否定的条件是：若金蝉在地表浅处，则不能使用农药。因为农药能直接导致金蝉中毒而死，因蝉蚁太小，不耐任何一种农药，哪怕有千分之一浓度的农药也不行。因为金蝉是无公害、纯绿色的产品，若需要对蝉林进行灭虫时，最好使用无毒、低毒药物，或采用动物相生相克的生物灭虫方式，不要使用高毒农药，最好不要用毒性强的内吸剂农药。可以使用草甘膦等灭草剂的条件是：金蝉已潜入地下深处，则可以使用灭草剂来除草（图6-5）。当然最理想的灭草方法是养禽灭草（见第五章金蝉养殖新技术）。

图6-5　蝉林打农药灭草

12. 哪些鸟儿危害金蝉严重？

捕食金蝉的鸟儿有麻雀、喜鹊、燕子、布谷鸟、黄莺、红隼和白颊噪鹛等，但最常见、危害最严重的是麻雀、喜鹊和白颊噪鹛。在鸟儿看来，金蝉也许是它们最美的食物了，1～2个就能填饱肚子，所以有些鸟儿与金蝉也是不死不休。笔者用几个纱网大棚把用来产卵的柳树林罩起来，以为这样蚱蝉就能安全产卵了。不料鸟儿（主要是喜鹊）从网外可直接啄食蚱蝉，即使吃不了，也害死不少，后来笔者只好又从外面布了双层的纱网才解决这个问题（图6-6）。

图6-6　双层纱网

七、金蝉采收

1. 金蝉什么时候出土？

在黄河中下游地区，从每年6月下旬到8月中旬，是金蝉采收季节，高峰期是整个7月。若是用芦笋等草本植物繁育的金蝉，采收期要早一些，大约从5月下旬开始，到7月初基本结束。从天气方面来说，采收多是在夏天多雨季节。因雨后土地松软和受到雷电的震动，已经成熟的蝉蛹在傍晚开始向上掘土出洞，爬出地面后，蝉蛹就有了视力，也非常警觉（图7-1），在地面上对环境稍作判断后，便决定是向上爬还是向四周

图7-1　刚出土的蝉蛹

跑。因为它知道在羽化时需要好几个小时不能动弹，可能会被天敌所害，所以它要找个安全的环境才能安心脱壳。若是出土后周围环境静谧安详，蝉蛹感觉比较安全，则很快会找到不太高的杂草树木羽化。若是靠近村庄人声嘈杂、鸡鸣狗吠或有癞蛤蟆、蛇等动物引起风吹草动，蝉蛹则会认为环境不安全，在低处羽化生命有危险，就要爬上很高的乔木才羽化脱壳。人工采收野生金蝉则是针对其生物特性，等黄昏到来后在树木杂草

图 7-2　挖出的蝉蛹

上捕捉蝉蛹，或清晨在树上抓获羽化的嫩成虫（图 7-2）。

　　对于人工繁育的金蝉农场来说，也可在金蝉成熟季节依据市场价格情况从地下挖掘出售或让其自由出土捕捉（视频 7-1　晚间金蝉上树）。

2. 如何捕捉蝉蛹？

　　（1）胶带缠树捕捉法　这是当下金蝉农场采收金蝉商品的主要方法，也是防止金蝉向上逃跑的绝招。经过 2～3 年的生长，夏季来临大部分若虫进入成熟期，在雨后土地松软时会掘洞出土向树上爬。为防止金蝉逃逸，蝉农会在树干上缠上胶带，因胶带很滑，可阻止金蝉向高处爬，晚上来"守株待兔"，即可手到擒蝉。不要小看这层薄薄的胶带，对于金蝉来说不啻于"天罗地网"，金蝉逃到此处，就上天无门了（图 7-3）。

图7-3　胶带缠树捕金蝉

图7-4　金蝉在胶带下羽化脱壳

这也是人们思考了很久才想出的有效方法，可以说是人类战胜金蝉的很高智慧。在技术角度上，这层胶带最适宜的高度是1米左右，若贴得过低，会使捕蝉人频繁弯腰弓背感到不适，也不能贴得过高；若超过2米以上，金蝉有可能爬不到胶带处就羽化飞了。金蝉认为在1米以下的高度脱壳有危险，会努力向高处爬。虽然1米高的胶带能完全挡住金蝉

逃跑，但不一定能阻挡其蜕变（图7-4）。若过了2～3个小时还不采收，金蝉也会在此处羽化飞去（视频7-2　胶带缠树捕金蝉）。

（2）寻找蝉洞　金蝉一般生活在地下0.3～0.5米处，为了晚上出土羽化会提前挖洞上爬，人们可以在天黑前通过这些洞来捕捉金蝉。这类洞口小而薄，用手指一碰洞口，泥土便会落下，露出一个相对大一些的洞，将手指伸进去便会摸到金蝉。这时就要及时将金蝉用草钓出来或用铲子挖出来，否则金蝉受到惊动会迅速后退并采用土打墙办法封住洞口，这样一来便难以将其捉上来了。若是洞口又大又光滑，多为金蝉出土后废弃的洞，千万不可用手指探查，也许会摸到癞蛤蟆或者蛇之类的（图7-5）。

图7-5　废弃的蝉洞

（3）从洞里把金蝉"拎"出来　在6月下旬或7月下过透雨后，有经验的捕蝉人会拿着小铲子，到树木周围寻找金蝉。因为蝉蛹就藏在树底下的泥土地里，仔细看大树底下是否有一些针眼大小的洞，如果轻轻一碰洞口就破了，蝉蛹就藏在里面，用根草或细树枝伸下去它就会抓住，它认为是树根呢，这样你就会感到树枝上有重量了，赶紧向上提，如此就能顺利地将蝉蛹"拎"出洞来。对于金蝉农场来说，若干旱无雨金蝉无法出土，可浇水软化土地以促其出土。

（4）水淹蝉洞逼出来　这也是寻找未出土金蝉的有效方法。在有金蝉出没的树木周围或附近的草丛里仔细寻找，会发现有若干小洞口，就是金蝉的藏身之地。当慢慢地往这些蝉洞灌水时，金蝉会因水淹缺氧被逼着爬出洞来。若久等不出，可用细小的树枝探入洞中，被淹的金蝉认为有救命稻草了，会抓住树枝爬出来。

（5）挖蝉老巢法　野生金蝉所产卵枝平均含卵有100多粒，最终能长成金蝉的有10～20只。由于在同一卵枝上，所以孵化出来的蝉蚁基本上会在同一地方进入土中。加之金蝉在土中活动范围较小，可以利用一个蝉洞来挖出整个老巢。找到一个蝉洞后用铁锨顺着挖，便可挖到与之相连的蝉洞，找到其他没有出土的金蝉，有时能挖出几十个来。挖老巢是个技术活，如果在挖的过程中将蝉洞一不小心破坏了，便难以再找到与之相连的蝉洞（图7-6）。

图7-6　一窝金蝉

（6）**手电筒照金蝉**　天黑以后用手电筒照树，捕捉已经上树的金蝉，也是常用的捕蝉方法（图7-7）。手电筒亮度大小并不太重要，但光线一定要集中，按照由近到远、由下到上、由正到反的规律来照，眼跟着光走，不放过每一棵树、每一个树梢，就会看到金蝉。19：00～21：00为金蝉出土高峰期，所以这个时间段捕捉收获最大。21：00以后金蝉出土量虽然减少，但照蝉的人同样会减少，收获并不会降低太多。凌晨12：00后金蝉出土量较少，此时可以照树梢为主，来捕捉已经脱壳的成虫。笔者有一个小经验，若在树下看见有鸟、蛇或围着几只癞蛤蟆，则树上多半会有金蝉，因为金蝉也是它们的美食。

图7-7　手电筒照金蝉

3. 金蝉为什么要在晚上出来？

因为金蝉没有钢牙利爪，无毒无害，对外界没有任何防御能力，虽然在地下是安全的，但只要一出土，就会有危险。故金蝉认为白天出来不安全，到晚上才掘洞出土，以避免天敌的危害。人们掌握了它的生活规律，就在傍晚时分捉金蝉。

金蝉在黄昏时分出洞，开始先从土里向地面刨开一个小洞，慢慢扩大，直到能钻出来为止。

一般农村捕蝉人有个经验：老林蝉多，新林蝉少。因老树林金蝉盘踞时间久长，是金蝉最多的地方，有人一晚上就能捕到几百个。就是老林子被砍伐了，因树根还在，几年内金蝉还是比较多的。

农村捕蝉人还有个经验：远离村庄的田野蝉多，靠近村庄的田野蝉少。因田野远离村庄，去捕捉的人少，金蝉相对要多，所以到田野捕蝉收获会多一些。

4. 金蝉会被淹死吗？

有经验的捕蝉者捉到金蝉后，会将其投入水中使其窒息昏迷，一般能起到几个作用：一是可阻止其羽化蜕变；二是会出现假死现象起到保鲜作用；三是可阻止其相互抓挠受伤变黑；四是能隔绝空气减少其活动，使保鲜的时间延长。所以捕捉金蝉的人，都会提个小水桶或拿个装半瓶水的矿泉水瓶。据作者观察，将蝉蛹投入水中只是暂时昏迷，即使泡在水中30多个小时仍旧活着，从水中捞出来后，能很快复苏过来。但有一点要注意，将金蝉投入水中后，最好能隔3～5个小时换一次水，以便让昏迷的金蝉复苏一下，然后再浸入水中，这样它活的时间会更长。

5.金蝉的体重大概多少？

　　金蝉若虫在地下生长较慢，一般要经过2～3年或更长时间才能发育完成。按3年的正常生长过程，当年的若虫仅有1克左右，全身乳白，像芝麻，其栖身的土室也很小，大约有蚕豆大小，里面有1～2个毛细树根。第2年若虫体重为3克左右，全身色素加深呈浅褐色，眼睛呈粉红色，栖身的土室约有鸭蛋大小，里面有2～3个毛细根或侧根。第3年若虫发育成熟，全身呈黄褐色，眼睛变为黑色，体重4.5～5克，每千克50～55个，平均52个，如果金蝉单个重量轻，数量还会多。其栖身的土室有鹅蛋或拳头大小，里面的树根粗多了，大约像喝饮料的吸管一样粗细（图7-8）。金蝉若是作药用，一般鲜蛹折干率约为2.5：1，500克鲜的大约能折成干蝉蛹200克。图7-9为二龄幼蝉。

图7-8　吸在细根上的幼蝉

图7-9　二龄幼蝉

6.什么时候收购金蝉较为适宜？

金蝉集中出土的时间一般为每年7月，此时金蝉大量上市，价格较为便宜，所以此时是大量收购金蝉鲜品的最好时期。一般饭店、餐饮部门和市民会在此时大量收购贮存以备用。交易时间大多是在早晨6：00～8：00，也有的地方是在凌晨3：00～4：00，如山东等一些地区。

7.金蝉农场如何解决捕捉问题？

因金蝉采收季节性很强，蝉农大多是在收获季节请亲戚朋友帮忙捕捉。那么几百上千亩的大农场如何解决捕捉问题呢？通过实践，笔者找到了一个很好的办法——举办捕捉金蝉农家乐旅游活动，请学生或市民帮忙捕捉。因为金蝉在7月大量上市，而7月也是学校放暑假的时候，可与大、中、小学校和旅游部门联系，举办此类活动。根据作者经验，很多市民对捕捉金蝉很有兴趣，因为有些市民原来就是农民，他们虽然在城市生活多年，但仍很怀念农村生活，尤其是晚上捕捉金蝉。很多人在小时候都体验过这种童年的乐趣，这种活动对于他们有很大的吸引力。笔者是安徽省萧县人，距离徐州市很近，当徐州市民听说笔者举办农家乐捕蝉活动，每晚都载来一大客车市民，要求帮助捕捉金蝉，而且给的价格非常高——养殖户自己采收能卖0.6元一个，他们竟给1元一个。举办此类农家乐的结果是皆大欢喜——既帮养殖户及时采收了金蝉，还卖了高价，市民也享受了夜捕金蝉的乐趣。

8.每平方米土地能出产多少金蝉？

根据我们的实践和全国各地金蝉养殖情况，殖种两年后出土一部分，即每平方米出土20～30头，三年达到出土高峰后，一般每平方米能出土蝉蛹60～100头，每亩地产量3万～5万头，围绕树下密密麻麻的全是蝉洞，走一步都能踩到好几个。这种高密度的蝉洞说明了人工养殖高产量已经成为现实。在徐淮地区2017年金蝉每只售价0.7～1元，每亩蝉林收入达到了好几万元，比其他农作物经济收入高出10倍以上。（视频7-3　殖种两年金蝉出土情况、视频7-4　殖种三年金蝉出土情况）

图7-10　殖种两年金蝉出土情况　　图7-11　殖种三年金蝉出土情况

9. 捕捉金蝉为什么要锄草？

在金蝉未成熟时，林间有无杂草是无所谓的，即使有很多杂草，对于若虫在地下的生长也没有影响。有草当然可以通过养鹅来灭草，若不养鹅，必须要在收获季节提前锄草。因进入6月金蝉将要成熟出土，若不将蝉林间的杂草清除干净，突然下雨后金蝉大量出土不一定非向贴胶带的树上爬，有的也会直接爬到草茎上羽化飞了，这样就捉不到该捉的金蝉了，从而造成经济损失。

10. 金蝉高密度出土的防逃措施有哪些？

对于金蝉农场来说，除了贴胶带防止金蝉向上逃跑外，还要防止向四周逃跑，可采用以下防逃方法：用1米宽的塑料薄膜在蝉林四周围起屏障，屏障高出地面0.5米左右，接地部分用土埋严压实，同时将塑料薄膜上边用竹竿卷起来绑在铁围栏上，还要将靠近围栏的杂草清除干净。若要防止成虫逃跑，一是搭建纱网大棚，将成虫全部网在其中；二是白天用网蝉、粘蝉的办法捕捉成虫；三是在晚上用趋光性的方法来捕捉大量的成虫。图7-12为金蝉在枝叶上的脱壳。

图7-12 金蝉在枝叶上的脱壳

11. 捕捉金蝉成虫的方法有哪些？

（1）网蝉法　一是纱网捕捉法：取4米以上的长竹竿、细铁条、纱网，将铁条做成一个圆圈，就像钓鱼用的手抄网，内径15厘米左右，留出一个柄来，然后绑在竹竿上，一个简易的捕蝉纱网就做成了。然后慢慢走到树下，锁定鸣叫的或不叫的蝉，靠近后猛扣上去，然后网口朝下扣到地上，不费劲就能捕到蚱蝉一只。二是蛛网捕捉法：利用蛛丝和铁圈做成捕蝉蛛网，即把铁丝做成圆圈，用竹竿绑好，然后圆圈里缠上蜘蛛丝，也是一个很不错的网蝉利器。

（2）粘蝉法　一是面筋粘蝉法：取长竹竿、铁条、面粉和水，用铁条做一根柄绑在竹竿的头上，然后用少量的水和面，反复揉面后，有黏性的面筋就产生了。将面筋装到塑料袋里，到有蝉鸣的树林，拿出面筋做成一个有黏性的面球"糊"在铁条上，找到知了后，用面球悄悄瞄准粘上去，也能轻松捕到知了一只。二是蝇纸粘蝉法：可用一张粘蝇纸，固定到长竹竿上来粘蝉，效率也很高。三是用双面胶"守树待蝉"：用双面胶粘在树上，利用黏性困住蝉，双面胶上还可以适当涂点有黏性的物质，如浓米汤等。也可将双面胶固定在竹竿上粘蝉，效果都不错。

（3）烟火引诱法（耀蝉法）　先找到有蝉的树木，将易燃的干草、枝条堆在树下，看准风向，点燃干草等物品，再放一些有点潮湿的草木上去就会冒烟，烟向上飞过树干，扫过树梢，然后猛踹树或用竹竿敲枝叶。这时知了受到烟熏火诱和惊扰，就会纷纷向火堆扑来，如此能捉到很多知了。这种方法虽然捕捉很有效，但要注意控制火势，不要引起火灾。

12. 如何用化学粘蝉胶捕捉金蝉？

民间的粘蝉"偏方"各有利弊——用火熬牛皮筋作粘胶，虽然有效但过于麻烦，成本还高；和面筋作粘胶较为简单，但粘力持续时间短，还糟蹋粮食于心不安；收集蜘蛛网作粘胶，过于麻烦还不卫生，效果也差；用粘鼠胶来粘蝉倒是简单，但不卫生，事后还有黏糊糊的胶渍残留也令人不爽。那么有没有各方面都好的粘蝉胶呢？有，那就是化学粘蝉胶。

相比民间各种粘蝉胶，用进口生胶片和汽油制作的粘蝉胶应该说是最好的，其优点有方便、省力、省时间、省钱、粘蝉效果好，粘力持续时间长，胶团干净卫生、无臭、不残留，还可以重复利用。其制作方法如下：

（1）先选择生胶片，一般有两种，一种是进口高纯度的，淡黄色，纯度高、无臭味，黏性持续时间长久；还有一种是国产生胶片，颜色非常黄，接近褐色，据说是用回收料、边角料、陈年旧料做成的，有一定的酸臭味，粘蝉效果要差些。

（2）为了溶解更充分，要把胶片剪碎浸泡在汽油里。打算在第2天使用时，因为浸泡需要一段时间，可选在晚上临睡前泡胶。把一小团生胶块放进玻璃瓶，按生胶：汽油=1：1.5的比例加入汽油，并盖好盖子，减少汽油挥发。第2天早上胶块即会完全溶解、发胀，瓶子里变成一大团胶。用手测试一下粘力，效果非常好。而且可以整块夹出来，玻璃瓶上不会有任何残留。且胶团没有臭味，也不会粘得一手都是，非常干净。把黏性非常好的胶团插在鱼竿或竹竿上，就可以开始捕蝉了。

八、金蝉食用价值开发

1. 金蝉营养成分有多高？

关于金蝉的营养成分，有研究表明：刚出土的金蝉含蛋白质72.8％，是瘦牛肉的3.5倍，瘦猪肉的4.3倍，羊肉的3.8倍，鸡肉的3倍，鲤的4倍，鸡蛋的6倍，而其脂肪含量非常低，只有7.89％，且富含钙、铁、锌、锰等，其中钙的含量是猪肉的22.17倍，铁、锌的含量分别是猪肉的11.69倍和6.08倍。尤其是金蝉体内氨基酸组成比较合理，是难得的高蛋白、低脂肪高级营养品。其体型较大，容易捕获，营养丰富，口感独特，味道鲜美，是好吃又保健的药食两用性昆虫（图8-1）。在我国很多地区，特别是黄河中下游的广大地区从古至今都有食用金蝉的

图8-1　油炸金蝉

图8-2　挂欠金蝉

习惯。当下人们主要以吃鲜的为主，最普遍的食用方式为"油炸金蝉""挂欠金蝉"（图8-2）等。

2. 金蝉如何清洗？

在食用蝉蛹的时候一定要清洗干净再烹饪。因蝉蛹在地下生活好几年，出土后全身都沾有泥土和各种微生物，若洗不干净就烹饪，是非常不卫生的。清洗时可以逐个清理，尤其是蝉蛹的腹部各节之间的缝隙以及足与胸部连接的部位要多洗几遍，若不放心可用食用碱浸泡清洗，既可以清除蝉蛹体表沾染的酸性物质，又可以去除吸附在体表的部分寄生虫和菌类。但浸泡时间不宜太长，以免破坏维生素，一般浸泡10个小时左右比较适宜。另外在对金蝉煎、炒、炸的过程中要尽量均匀受热并充分地熟透，以便杀死内部的寄生虫和细菌。

3. 鲜金蝉冰冻或腌制时间长好不好？

用家庭冰箱存放冰冻的鲜金蝉和腌制时间不宜过长，最好不超过半个月。因为家庭的冰箱能达到的低温有限，虽然可以减慢各种细菌的生长速度，但其内部的细菌种类可能比外部要多，冰冻时间太长可能会感染其他的细菌。另外腌制时间也不宜过长，过长将会使金蝉内部的营养物质流失损毁。若要长期存放金蝉，最好是放到低于−18℃的冷库中。

4. 如何冰冻及运输金蝉？

蝉蛹一般在夏季大量出产，出产期短且集中，因此必须要采取适宜方法长期保存才行。活金蝉保存起来并不方便，保养不好容易死掉，所以一般是经过处理后保存起来。冷冻金蝉不用加水有两种方法，冻鲜的和冻八成熟的。

（1）冻鲜的方法　一是淘洗干净，直接把金蝉放水里，加一些盐；二是把金蝉带盐水装进小瓶，密封，直接放冰箱冰冻。这个就相当于盐制了，所以做着吃的时候不是特别鲜。在用快递小包装运输时，放入泡沫箱中加冰袋降温，一般3天左右不会变质（图8-3）。

图8-3　冰冻金蝉低温快递

（2）冻八成熟的方法　一是淘洗，多洗几次，或者先泡一段时间再洗；二是蒸煮，否则容易变黑，有人直接用热水烫，笔者不太赞成这种做法，因为油炸的时候不好看，蒸煮八成熟就可以；三是在凉水里冰10分钟，把金蝉捞出来放进小容器里（用矿泉水瓶即可），密封，放冰箱里冷冻保存。如果数量很多，最好分成小份，一份够吃一顿即可，需要的时候直接取出，将瓶子割开就行，不会破坏其余的。

5.什么样的金蝉不能吃？

金蝉虽然好吃，但不可以天天吃，以免引起消化不良，尤其有过敏体质的市民，应谨慎食用。此外，未经加工处理的蝉蛹放置过久，不新鲜、有异味、恶臭的，变色发黑、呈粉红色，有麻味或麻辣感的不可食用，那是已经变质的金蝉，吃了会引起中毒。

6. 如何保存金蝉不发黑？

有两种保存方法：

第一种方法是冷冻保存，方法简单又省钱。步骤：一是把收集后的金蝉用清水冲洗，去泥，去杂物；二是把2%的盐和1%的碱加入清水中，煮沸；三是把清洗后的金蝉放入沸水中，翻动，3～5分钟后捞出；四是待金蝉凉透后，放入冰柜中速冻。

第二种方法是真空保存，需要专门的真空封口机，需要一些投资。步骤：一是清洗，去泥，去杂物；二是放入沸水中煮3～5分钟；三是真空包装。

（说明：吃的时候放入水中解冻或泡软，然后烹饪）。

7. 有过敏体质的人能吃金蝉吗？

金蝉虽然好吃，但有过敏体质的人应该慎吃。因为金蝉体内含有的异型蛋白分子含量较大，这种高蛋白对于人体来说属于外源性蛋白，容易引起一部分人发生过敏现象，如果是过敏性体质的人就更需注意，小心食用。数据显示，我国有1/4人口是过敏体质，有的人吃了之后可能会出现皮肤发痒、风疹块或发热、头晕、恶心呕吐，会诱发支气管哮喘，导致呼吸困难，甚至出现过敏性休克。在吃金蝉的大省——山东省有些医院每年都会接诊因吃金蝉而发生过敏的患者。因此，具有过敏体质的市民还是慎吃为好。

8.白癜风患者能吃金蝉吗？

对于白癜风患者来说，应该慎吃。首先要保证自己不是特殊（过敏）体质，否则皮肤过敏极易导致皮肤白斑加重；再者需要注意的是由于白癜风患者脏腑机能处于失衡状态，免疫系统紊乱，常常伴有并发症。所以在把握科学饮食的原则下，应尽量减少食用金蝉。

9.鲜的金蝉好吃吗？

蝉蛹虽然可以药用，用途也很广，但笔者认为金蝉目前仍是像鲜鱼一样，不论是从口感还是从营养价值方面来说，仍是吃鲜的好。据笔者的经验，油炸鲜活金蝉最好吃，从冰箱拿出再加工的口感要差一些。鲜的好吃是因为鲜活金蝉的蛋白质没有被破坏，所以口感好。

10.如何油炸金蝉？

①将金蝉洗净，用盐水浸泡。②泡一夜后捞出，再洗一次，沥干水分。③锅中放油和花椒，再放入金蝉，用中火，炸到用笊篱翻的时候听到哗哗的声音，金蝉表面就有点儿焦了。④然后文火慢慢炸，炸熟炸透，炸至金黄色略带褐色时捞出。⑤能吃辣的人在快出锅的时候可以放一小撮干红辣椒。记得不要放早，放早了会炸糊。⑥捞出放入盘中，撒上十三香和少许盐即

成油炸金蝉。这也是目前金蝉最主要的烹饪方法。⑦根据个人口味的不同加入佐料调制成五香味、麻辣味、孜然味、糖醋味等，做成多味油炸金蝉。

11. 如何做椒盐金蝉？

准备两个炒锅。将金蝉放入清水中，反复洗几次直到洗净泥土，先在一个锅中放少许花生油，将大葱切成葱花，然后和干辣椒、芝麻一起放入锅中翻炒片刻。在另外一锅中放入500克花生油，待油温六成熟时，放入洗好的金蝉进行油炸。待金蝉变黄后捞出，放入有辣椒、芝麻的锅里翻炒，片刻后即可出锅，再放入10克的盐，金蝉就会香味四溢，令人闻之食欲大振。

12. 如何加工五香金蝉？

取刚出土蝉蛹，经清水冲洗，去除杂物，煮沸灭菌，包装冷冻，制成初加工半成品，然后脱水加食盐水，热蒸，加盖灭菌密封，制成盐渍金蝉罐头，或经调料水加脱水蝉，再经过煨、烤后加入五香粉、八角，即为五香金蝉。

13. 如何加工香酥金蝉？

取刚出土蝉蛹，经清水冲洗，去除杂物，煮沸灭菌，包装冷冻，制成初加工半成品，然后脱水加食盐水，热蒸，加盖灭菌密封，制成盐渍金蝉罐头，或经调料水加脱水蝉，经煨后蝉挂糊,油炸制成香酥金蝉。

14. 如何烧烤金蝉？

有两种制作方法：一是大排档简单制法：将金蝉去泥洗净后晾干，用竹签串好后，烧烤熟后撒些孜然即可直接食用，特点是味道鲜嫩可口。二是饭店复杂制作方法：将金蝉洗净去足，用小刀在背部开个口子，然后将桂皮、八角炒香，与盐煮成卤水盛入碗内，将处理好的金蝉放入碗内浸泡，并倒入料酒、葱姜汁，待完全入味时倒出金蝉并沥水，而后放入电烤箱中烘烤3分钟左右，等其香酥时取出装盘，再淋上少许香油即可。特点是色泽金黄、内外酥脆、味香鲜美。

15. 如何加工金蝉吐丝？

先将土豆用刀"旋"成非常细的土豆丝，然后用这个土豆丝一层层包裹在蝉蛹上，再下油锅炸，另将绵白糖熬化拉丝，覆在土豆蝉蛹上面。这道菜中融入了东北菜中的"切丝功"，稍微内行的人都晓得，东北菜以土豆丝、白菜丝、萝卜丝、青椒丝、榨菜丝、炒茄丝6种细丝出名。此菜的营养可以说一个蝉蛹能顶三个鸡蛋。

16. 如何加工银丝金蝉？

"银丝金蝉"属于金蝉大菜之一，做法如下。

原料：金蝉200克、粉丝30克；配料：葱20克、姜15克；酥糊：鸡蛋1个、粉芡30克、色拉油20克；调料：花椒30克、盐5克、色拉油1 500克（约耗60克）。

步骤：①将金蝉清洗干净，加葱姜、料酒、盐腌制入味；②将腌制的金蝉入烤箱200℃烤制十几分钟，掏出后挂酥糊炸至外酥里嫩；③粉丝炸起摆于盘底备用；④花椒炒干磨成花椒面，和盐拌匀；⑤将炸好的金蝉撒花椒盐放于粉丝上。

特点：颜色金黄、外酥里嫩、营养丰富。

17. 如何加工香辣金蝉？

原料：金蝉200克、花椒10克、干辣椒50克；调料：盐5克、色拉油1 500克（约耗60克）。

步骤：①将金蝉清洗干净，加葱姜、料酒、盐腌制入味；②将腌制的金蝉入烤箱200℃烤制十几分钟，掏出后挂酥糊炸至外酥里嫩（图8-4）；③炒锅内加色拉油，下入花椒、辣椒、煸出喷香味、随即下入金蝉稍煸炒即可。

图8-4　香辣金蝉

特点：麻辣鲜喷香、口感酥嫩。

注意：油炸要文火慢炸，不可猛火高温，否则容易变黑，吃起来口感会变差（图8-5）。

图8-5　火大炸焦了

18. 什么是黄龙戏金蝉？

它是用黄粉虫和金蝉经特殊处理加工而成的一种昆虫食品，其优点是：香酥爽口、回味悠长、营养价值高、外观黄中透亮，特别是将黄粉虫和金蝉制作的冷拼盘，不仅口味好，还具有较高的观赏效果，能刺激食欲。

19. 如何蒸炒金蝉？

笔者的岳父做得一手好金蝉，他对烹饪有着自己的特殊心得，他的做法是先把金蝉泡两天，洗净之后上锅蒸，蒸熟之后，再下锅爆炒，出锅之后，看起来亮晶晶、油汪汪的，吃起来是满口溢香，味道妙不可言。

20. 如何干煸金蝉？

食材：金蝉、油、盐、椒盐、干辣椒、干花椒。

步骤：①将金蝉仔细清洗，然后放入盐水里泡半小时；②去水分，放入锅里小火煸干水分；③加入适量油，小火煸炒，直到炒香；④锅里放入适量油，爆香辣椒和花椒，加入煸炒好的金蝉、少许盐和椒盐，翻炒入味后出锅（图8-6）。

图8-6 干煸金蝉

21. 如何爆炒蝉蛹？

步骤：①将蝉蛹清洗干净，在淡盐水里浸泡1小时左右；②把锅中油烧至约四成热，倒入蝉蛹炸1分钟左右，然后倒入准备好的香辣酥（用干辣椒、花生米、大蒜、豆豉、熟芝麻等制作的调料，可以买到，也可以自己制作）一同爆炒；③将蝉蛹炒至两面焦黄，撒点盐就可以出锅了。

此菜技术要求：爆炒蝉蛹时注意不要加水，炒或炸的时候要用小火慢炸。

22. 如何加工新奥尔良金蝉？

食材：金蝉、新奥尔良烤料。

步骤：①金蝉清洗干净，把奥尔良烤料放入金蝉搅拌均匀，腌制2小时左右；②炒锅加热，倒入腌好的金蝉，炸至金黄色，出锅（图8-7）。

注意：放上新奥尔良烤料，一定要腌制2小时才能入味。

图8-7　爆炒金蝉

23. 如何加工孜然金蝉？

食材：金蝉200克、香叶6片、孜然10克、椒盐10克、生姜、辣椒、香菜、大蒜少许。

步骤：①将金蝉清洗干净并控干水分；②倒入适量的油加

热，油六成熟时倒入金蝉；③把金蝉慢慢炸至金黄色，出锅装盘待用；④锅里留少许油，放入6片香叶及大蒜、生姜、辣椒，爆香；⑤倒入金蝉，撒上适量椒盐和孜然粉，翻炒片刻；⑥放入香菜翻炒均匀，美味又有营养的孜然金蝉就出锅了。

24. 金蝉丸子和点心如何加工？

这是一种改变金蝉形态的食品加工方法，优点是既便于携带，又可免除部分人群对昆虫不能直接接受的心理障碍，扩大金蝉食品的销售面与受众人群。

做法：把蝉蛹或成虫剁碎，加入面粉、鸡蛋、青菜和各种调料，做成丸子油炸食用，或做成午餐肉、水饺馅、火腿肠等。也可将蝉蛹与成虫在烘箱中烘干、粉碎，加入面粉等配料，做成饼干、点心、风味锅巴等。

25. 如何进行金蝉产品深层次的开发应用？

目前金蝉产品主要是用于烹饪，深加工产品非常少，几乎可以说是空白。所以开发深加工金蝉产品，能大幅度提高它的附加值。通过研究，可将金蝉深加工成罐头、速溶金蝉粉、烟熏制品、高级食品辅料等食品。

（1）工艺流程图

```
                    解冻→油炸→冷却→调味→灭菌→真空包装→成品罐头
金蝉采收→清洗→腌渍→灭菌→冷冻→储存→干制→磨成粉→速溶剂→调配营养→灭菌→袋装
                    解冻        灭菌 ── 面粉                    包装
        灭菌→调味→烟熏    高级食品辅料    面包、饼干等    成品金蝉粉
        真空包装→成品烟熏制品
```

图8-8　金蝉盒装食品

（2）主要工艺环节

一是清洗。金蝉收获后用冷水清洗干净，再用开水焯一下，可以达到金蝉不变黑的目的，放凉后再用清水洗一下，就可以装箱放入冷库了。这样保存1年没有问题，不变质、不变色、不变味。

二是腌渍。用盐水浸渍，通过高渗环境可以初步抑制原料表面的细菌，提高保存期。

三是灭菌。最好采用高压蒸汽杀菌法，其次可以用超高温瞬时杀菌法、高渗法灭菌，控制好杀菌时间和温度，使其达到商业无菌状态。但是不同的产品应该采用不同是杀菌方法，根据产品性质而定。高压蒸汽杀菌法是在高压蒸气锅内进行的，一般要求温度达到121℃、压力为98千帕，维持15～20分钟，也可以采用较低温度115℃、压力69千帕下，持续30分钟。商业无菌是指：食品经过杀菌处理后，按照所规定的微生物的检验方法，在所检食品中无活的微生物检出，或者只能检出极少的非病原微生物，并在食品保存期内不繁殖生长的灭菌方法。

四是冷冻和储存。可以用冷库，如果没有冷库或者感觉冷库储存不方便，可以真空包装，真空包装需要购置优质真空包装机，这样真空好的金蝉可以在常温下储存，存放方便，发货也方便。

五是解冻。可以使用真空水蒸气凝结解冻法。它是利用真空状态下，压力不同，水就有不同的沸点，水在真空室中沸腾时，形成的水蒸气遇到遇到更低的冻结食品是就在其表面凝结成水珠，蒸汽凝结时所放出的潜热，被冷冻食品吸收，使得温度升高而解冻。该方法对各种果蔬、肉、蛋、鱼等食品均适用，解冻后成分流失少，而且由于在低氧中进行，防止了营养物质的氧化。但是设备要求高，成本高。如果条件达不到可以采用水解冻法。

六是干制。可以采用升华干燥法，它是将食品预先冻结后在真空条件下通过升华方式除去水分的方法。其优点是整个干燥处于低温低氧状态，这样有利于金蝉的保存和保持原有形状，防止金蝉氧化变黑。同时，采用该方法，可以在不解冻的条件下直接干制。还可以采用常压空气对流干燥法。它是以热空气作为干燥介质，通过对流方式与食品进行热量与水分的交换，来使食品干燥的方法。它的优点是操作简单，费用低，适合企业工业化生产，但是如果采用此法必须对金蝉进行解冻。

七是烟熏。可以采用冷熏法、温熏法和热熏法。通过不同的烟熏方法可以得到不同风味的产品，根据市场需求进行生产。冷熏法在15～30℃条件下进行，所需时间较长，一般在4～7天，由于时间长，烟熏过程中产品进行了干燥和成熟，使得产品风味增强，保存性提高，但是产品重量损失大，在温度高的地区不能实施。温熏法在30～50℃条件下进行，一般时间控制在 5～6 小时，由于超过了脂肪的熔点，所以脂肪游离出来，部分蛋白质开始凝固，因此产品会稍微变硬。热熏法是在 50～85℃ 条件下熏制 4～6 小时，产品有烟熏的色泽，表面硬度高，内部还有较多的水分，产品富有弹性。

八是调味。通过添加咸味剂、甜味剂、酸味剂等一些必要添加剂改善食品风味。

九是调配营养。针对不同人群（儿童、青少年、老人、孕妇等）对营养的需要不同，对金蝉粉进行添加不同种类和量的营养物质。例如，维生素、亚油酸、亚麻酸、类黄酮、膳食纤维、DHA、磷脂等功能性食品添加剂以满足不同需求，同时增加其附加营养价值。

九、金蝉药用价值开发

1. 金蝉与蝉蜕都能做药吗？

金蝉与蝉蜕作为昆虫入药，在我国已有一两千年历史。蝉的各个形态都可入药，最早入药的是成虫与蝉蛹，但人们作为中药吃了之后，觉得异香非常又美味可口，于是无病的人也开始吃起来，以后逐渐就作为食品流行于世，药用功能被弱化了（图9-1）。大约在东汉时期，人们已经将蝉与蝉蜕功能界限分得非常清楚：蝉蛹就是食品，而蝉蜕就是中药。据现代医学研究表明，蝉蜕含有大量的几丁质，可作为抗衰老及抗癌药，价格十分昂贵。几丁质还有强肝、降压、镇痛、止血、灭菌、改善糖尿病的作用，还可作人工皮肤、人工韧带等的原材料，开发应用的前途十分宽广。

图9-1　两个大金蝉

2.金蝉有什么药用功能？

从药用价值来说，金蝉不仅是一种滋补保健品，更有很高的药用功能，具有清血化瘀、益精壮阳、明目退翳、降压抗菌、惊风抽搐和保健强身等作用，人们在食用金蝉的过程中，不仅享受了美味，更起到了有病治病、无病强身的作用。金蝉能治疗的疾病如下。

（1）治小儿夜啼　蚱蝉一只，谷壳10克，陈皮6克，茯苓10克，生石灰15克，珍珠母15克，水煎服，每日1剂，连服3剂，一般小儿夜啼可止。

（2）治妇女乳汁不行　蚱蝉3只，鲫1条，猪蹄1只，加适量姜、葱、料酒调味，共煮30分钟，去除蚱蝉，再煮烂喝汤，一般连喝3天可下乳。

（3）治口眼歪斜　雄蝉具有雄性激素，有化解痉挛的药理作用，用蝉可治口禁不语、抽风痉挛等症。方法是将雄蝉1只，用线绑住，吊在烈日下晒死曝干，再放在瓦上焙干研粉，每次3克，用黄酒一次服下。服药后用被盖身发汗。若有汗出则病减轻，若不发汗，再服一次。一般服2次即可见效或痊愈。也可每日一剂，连服7日即能痊愈。

古医书出处：《神农本草经》记载："蚱蝉，味咸寒，主小儿惊，夜啼，颠病，寒热"。《本草汇言》："入手太阴、足厥阴经。"【功能主治】清热，熄风，镇惊。治小儿惊风，癫痫，夜啼。①《本经》："主小儿惊痫，夜蹄，癫病，寒热。"②《别录》："主惊悸，妇人乳难，胞衣不出，又堕胎。"③《药性论》："主小儿惊哭不止，杀疳虫，去壮热，治肠中幽幽作声。"④《唐本草》："主小儿痫绝不能言。"【用法用量】内服：

煎汤，1～3个；或入丸、散。【金蝉验方】①治小儿风热惊悸：蚱蝉半两（去翅、足，微炒），茯神半两，龙齿三分（细研），麦门冬半两（去心，焙），人参三分（去芦头），钩藤三（二）分，牛黄二钱（细研），蛇蜕皮五寸（烧灰），杏仁二分（汤浸，去皮、尖、双仁，麸炒微黄）。捣罗为散。每服以新汲水调下半钱，量儿大小，加减服之（《圣惠方》蚱蝉散）。②治小儿初生百日内发痫：蚱蝉（煅）、赤芍药各三分，黄芩二分。为末。水一小盏，煎至五分，去滓服（《普济方》蚱蝉散）。③治诸风痫，胸中痰盛：干蚱蝉七枚（微炙），白藓皮一两，钩藤、细辛（去土）、川芎（锉，微炙）、天麻、牛黄（别研）各一分，蛇蜕五寸许（炙令黄）。上捣罗为末，同牛黄拌匀。每服一钱，水八分，入人参、薄荷各少许，煎五分，去滓，稍热服（《普济方》蚱蝉汤）。④治小儿天钓，眼目撮上，筋脉急：蚱蝉一分（微炒），干蝎七枚（生用），牛黄一分（细研），雄黄一分（细研）。上药细研为散，量儿大小加减服（《圣惠方》蚱蝉散）。

3. 蝉蜕能治什么病？

金蝉的名称有上百个，蝉蜕的名称也不少，也有一二十个，如蜩甲、蝉壳、伏壳、蝉甲、蜩蟟退皮、蝉蜕壳、金牛儿、蝉脱、催米虫壳、唧唧猴皮、唧唧皮、知了皮、热皮、麻儿鸟皮、仙人衣等，也许是名称最多的昆虫皮壳了。

蝉蜕味甘咸，性凉，入肺、肝经，功能及主治有：宣散风热、透疹利咽、退翳明目、祛风止痉。主治风热感冒、咽喉肿痛、咳嗽音哑、风疹瘙痒、目赤翳障、惊痫抽搐、破伤风等。

图9-2 饱经沧桑的蝉蜕

4. 一千克蝉蜕有多少个?

完整干净的蝉蜕非常轻,一千克约有4 000个,每个仅重0.25克左右。目前在安徽亳州药材大市场,一千克蝉蜕价格400多元,一个0.1元左右。据药商说,其供应量一年比一年少,价格也一年比一年高,与十年前相比,已涨了十几倍。蝉蜕在夏秋季节采集,除净泥土,晒干即可,以色黄、质轻、完整、无泥沙、无杂质为上品(图9-3)。惠蛄皮与蝉蜕功能差不多(图9-4),但比蝉

图9-3 蝉蜕库存

图9-4　蝉蜕与惠蛄皮

蜕小很多。一般来说，药市经营者都懂得专门的加工方法，即使不干净的，他们也有很好的清洗办法，而且还不会损坏，清洗后颜色好看很多，价格也上涨。目前在药市干净与不干净的蝉蜕每千克价格差80元左右。

5.蝉蜕为什么能治病？

据研究表明，蝉蜕中含有许多的氨基酸类成分，还含有蛋白质、甲壳素、酚类化合物、异黄质蝶呤、赤蝶呤、腺苷三磷酸酶及24种微量元素，其中包含人体必需元素16种，如铁、锰、钙、镁、锌、磷等。尤其是含铁量较高，所以看起来有红灿灿的金属光泽。

据医学研究表明，人体若缺锰会致人惊厥，尤其是小儿缺锰易出现惊厥、夜啼不止等现象，而蝉蜕能抗惊厥与其含锰量高有关。缺镁可导致发生多种癌症，而蝉蜕能抗癌，则因其含有较高的镁元素。因为农业使用较多的农药化肥，致使人们患癌的概率增高，而有抗癌功能的蝉蜕必将用量大增。

6.蝉蜕能治小儿麻疹吗？

蝉蜕对于小儿麻疹透发不畅有明显效果，对因蚊虫叮咬或其他原因所致的血管性神经性水肿、荨麻疹或风疹团块，亦具有止痒、消肿和抗过敏作用。临床应用以内服外用结合，效果较好。另外用于透疹止痒时，为增强疗效，常配用防风、薄荷、黄柏、车前子等中药材。

7. 蝉蜕能治眼病吗？

蝉蜕药用功能的最大亮点就是能退翳明目，这为历代医家所推崇。其入肝经，善疏散肝经风热而有明目退翳之功，故可用治风热上攻或肝火上炎之目赤肿痛，翳膜遮睛，常与菊花、白蒺藜、决明子、车前子等同用，如蝉花散。利用蝉蜕配生地、栀子、菊花、龙胆草等，治疗角膜云翳，有良好效果。也可用蝉蜕、蛇蜕、白蒺藜、石决明、防风、苍术、当归、凤凰衣、全蝎等配伍治疗角膜白斑，也有良好效果（图9-5）。

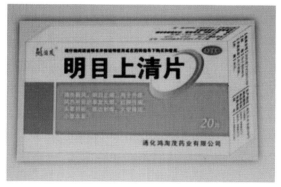

图9-5　明目上清片

8. 蝉蜕有解痉息风的作用吗？

蝉蜕对神经节有明显阻断作用，可使肌肉紧张度降低，故能缓解肌肉痉挛。临床常用于高热痉挛、破伤风肌肉痉挛以及风湿痹痛，关节僵硬和中风偏瘫时的手足痉挛性僵硬等。常配以钩藤、僵蚕、金银花、全蝎、天麻等中药材。

9. 蝉蜕的解毒消炎作用有哪些？

蝉蜕与芦根、金银花、薄荷配伍使用，具有排脓解毒效果，对肺脓痒初起有良好的疗效。民间验方用蝉蜕3克、半枝莲3克配伍，水煎服，每日3次，对肝癌患者有辅助治疗作用。另外治疗牛皮癣可用蝉蜕、苍耳子、赤芍、丹皮等配伍，亦有很好的疗效。

10. 蝉蜕能治疗风热感冒吗？

蝉蜕用于治疗温病初起，咽痛音哑效果较好。因蝉蜕甘寒清热，质轻上浮，长于疏散肺经风热以宣肺利咽、开音疗哑，故常用于治疗风热感冒，温病初起，症见声音嘶哑或咽喉肿痛者，尤为适宜。具体在用蝉蜕治风热感冒或温病初起时，常配伍薄荷、牛蒡子、前胡等药，如《时病论》辛凉解表法。在治疗风热火毒上攻之咽喉红肿疼痛、声音嘶哑等症时，与薄荷、牛蒡子、金银花、连翘等药同用，如蝉薄饮（《中国当代名中医秘验方临证备要》）。

11. 如何用蝉蜕治疗急慢惊风及破伤风症？

蝉蜕性味甘寒，既能疏散肝经风热，又可凉肝息风止痉，故可用于治疗小儿急慢惊风，破伤风症。治疗小儿急惊风，可与天竺黄、栀子、僵蚕等药配伍，如天竺黄散（《幼科释迷》）。治疗小儿慢惊风，以本品配伍全蝎、天南星等，如蝉蝎散（《幼科释迷》）。用治破伤风牙关紧闭，手足抽搐，角弓反张，常与天麻、僵蚕、全蝎、天南星同用，如五虎追风散（广州中医学院主编《方剂学》）。

12. 蝉蜕制剂有化湿解毒、祛风止痒的功能吗？

金蝉毒癣王，即是以蝉蜕为主的纯中药制剂，有化湿解毒、祛风止痒等功能。对各种细菌、真菌引起的急慢性皮炎、湿疹、手足癣、皮肤瘙痒及皮肤感染、皮肤过敏、蚊虫叮咬、痱子、痔疮、水疱、头癣、体股癣、花斑癣、牛皮癣、白色糠疹、荨麻疹等有较强的抑制、杀菌、消毒等作用（图9-6）。

图9-6　金蝉毒癣王

【附方】

①治风温初起，风热新感，冬温袭肺，咳嗽：薄荷一钱五分，蝉蜕一钱（去足、翅），前胡一钱五分，淡豆豉四钱，瓜蒌壳二钱，牛蒡子一钱五分。煎服（《时病沦》辛凉解表法）。

②治咳嗽，肺气壅滞不利：蝉壳（去土，微炒）、人参（去芦）、五味子各一两，陈皮、甘草（炙）各半两。共为细末。每服半钱，生姜汤下，无时（《小儿卫生总微论方》蝉壳汤）。

③治感冒、咳嗽失音：蝉衣一钱，牛蒡子三钱，甘草一钱，桔梗一钱五分。煎汤服（《现代实用中药》）。

④治痘疮出不快：蝉蜕、紫草、木通、芍药、甘草（炙）各等分。每服二钱，水煎服（《小儿痘疹方论》快透散）。

⑤治皮肤瘙痒不已：蝉蜕、薄荷叶等分。为末。酒调一钱匕，日三服（《姚僧坦集验方》）。

⑥治痘后发热发痒抓破：蝉蜕、地骨皮各一两。为末。每服二、三匙，白酒服二三次（《赤水玄珠》蝉花散）。

⑦治惊痫热盛发搐：蝉壳（去土，炒）半两，人参（去芦）半两，黄芩一分，茯神一分，升麻一分，以上细末；牛黄一分（另研），天竺黄一钱（研），牡蛎一分（研）。上同匀细，每用半钱，煎荆芥、薄荷汤调服，无时（《小儿卫生总微论方》蝉壳散）。

⑧治小儿天吊，头目仰视，痰塞内热：金牛儿，以浆水煮一日，晒干为末，每服一字，冷水调下（《卫生易简方》）。

⑨治小儿噤风，初生口噤不乳：蝉蜕二七枚，全蝎二七枚。为末，入轻粉末少许，乳汁调灌（《全幼心鉴》）。

⑩治小儿夜啼：蝉蜕二七枚，辰砂少许。为末，炼蜜丸，令儿吮。（《赤水玄珠》蝉蜕膏）或用蝉蜕四十九个，去前截，以后截研为末，分四次服，钩藤汤调下。

⑪治破伤风：蝉蜕（去土）为细末，掺在疮口上，毒气自散（《杨氏家藏方》追风散）。

⑫治痘疮入眼或病后生翳障：蝉蜕（洗净，去土）、白菊花各等分。每服二钱，水一盏，入蜜少许煎，乳食后，量儿大小与之（《小儿痘疹方论》蝉菊散）。

⑬治内障：龙退（即蛇皮）、蝉蜕、凤凰退（乌花鸡卵壳）、人退、佛蜕（即蚕纸）。上等分，不以多少，一处同烧作灰，研为细末。每服一钱，热猪肝吃，不拘时候，日进三服（《眼科龙木论》五退散）。

⑭治疗疮：蝉蜕壳、白僵蚕各等分。上为末，醋调涂四围，留疮口，俟根出稍长，然后拔根出，再用药涂疮。一方不用醋，用油调涂。或用蝉蜕炒为末，蜜水调服一钱，另以唾液调末，涂搽患处（《圣惠方》蝉蜕散）。

⑮治瘰疬：胡桃打开，掏出一半瓤，装满蝉蜕，外以黄土泥封妥，铁丝扎紧，置慢火上焙干，泥自脱落，再将胡桃研细面，用黄酒为引，开水冲服，每日早空腹服一个，连服一百日（《河北中医药集锦》）。

⑯治聤耳出脓：蝉蜕半两（烧存性），麝香半钱（炒）。上为末，绵裹塞之，追出恶物（《海上方》）。

⑰治小儿阴肿：蝉蜕半两，煎水洗；加服五苓散，即肿消痛止（《世医得效方》）（多因坐地风袭，或为虫蚁所伤）。

⑱治小儿初生、口噤不乳：用蝉蜕十数枚、全蝎（去毒）十数枚，共研为末，加轻粉末少许，乳汁调匀灌下。

⑲治破伤风病（发热）：用蝉蜕炒过，研为末，酒送服一钱，极效。又方：有得蝉蜕研为末，加葱涎调匀，涂破处，流出恶水，立效。此方名追风散。

⑳治胃热吐食：用蝉蜕50个（去泥）、滑石一两，共研为末，每服二钱，水一碗，加蜜调服，此方名"清膈散"。

㉑治荨麻疹：蝉蜕10克，浮萍半斤，洗干净。将蝉蜕浮萍一起煮后擦洗患处，对荨麻疹止痒很有效果。

㉒治破伤风方剂：蝉蜕适量，焙干后研成细末。成人每天2次，每次45～60克，用黄酒90～120毫升调成稀糊状，口服或经胃管注入。新生儿用5～6克，黄酒10～15毫升，入稀粥内调成稀糊状，做1次或数次喂之。儿童用量按年龄增减。在整个治疗过程中蝉蜕用量随痉挛症状缓解而递减。

㉓治小儿脱肛方剂：蝉蜕50～100克，烘干，研成极细粉。

先用1%的白矾水将脱肛部位洗净，涂以香油，再涂本品，然后缓缓地将脱肛还纳。每月1次，直至痊愈。

㉔治疗咳嗽：蝉蜕3克，牛蒡子9克，甘草3克，桔梗4.5克，水煎服，每日1剂，可清热止咳，主治感冒咳嗽失音等。

㉕专治失音：蝉蜕5克，绿茶12克，用沸水冲泡，俗称蝉茶，随饮随泡，可疏风清热、利咽开音。主治风热喉痹失音，急慢性咽炎。此茶为一般歌唱演员常饮，能保持嗓音清亮不哑。

㉖治疗喉症：蝉蜕30克，牛蒡根500克，黄酒1 000克。把牛蒡根切片，与蝉蜕浸于酒中，泡半个月左右，去渣饮酒，根据每人酒量，每次饮20～30毫升。治咽喉肿痛、喉痹、咳嗽、吐痰不利、麻疹、风疹、疮痈、肿痛等。

㉗治神经性耳聋：蝉蜕15克，黄芪30克，党参15克，陈皮6克，升麻7克，柴胡10克，当归12克，白术10克，炙甘草5克，菖蒲7克，桔梗10克。水煎服，每日2次，半个月为一疗程。

㉘治药源性耳聋：蝉蜕15克，当归10克，生地12克，桃仁10克，柴胡10克，川芎10克，赤芍10克，苏木7克，黄芪20克，党参10克。水煎服，日服2次，半个月为一疗程。

陈祝安，李增智，陈以平．2014.金蝉花[M].北京：中医古籍出版社.

刘玉升，任洁，宋海超.蚱蝉、豆虫高效养殖技术[M].北京：化学工业出版社.

陶雪娟，赵庆华.2017.特种昆虫养殖实用技术[M].北京：中国科学技术出版社.

吴雪，钟磊，董波.2011.金蝉的利用价格及市场分析[J].农业经济.

许虎，王玟，徐越峰.2015.海边林地金蝉王[N].东台日报.

杨梅，李利.2015.冬虫夏草、蛹虫草、蝉花培育技术[M].北京：化学工业出版社.

赵刚，周俊岭.2010.河北贾虎，金蝉变金豆[J].山西农业(农业科技版).

赵荣艳，段誉.2015.金蝉养殖与利用[M].北京：金盾出版社.

图书在版编目（CIP）数据

金蝉高效养殖新技术问答 ／ 马仁华等编著． — 北京：中国农业出版社，2018.5（2019.10重印）

ISBN 978-7-109-24016-2

Ⅰ.①金… Ⅱ.①马… Ⅲ.①蝉科－饲养－问题解答 Ⅳ.①S899.9-44

中国版本图书馆CIP数据核字（2018）第058726号

中国农业出版社出版

（北京市朝阳区麦子店街18号楼）

（邮政编码 100125）

责任编辑 张艳晶 郭永立

————————

北京通州皇家印刷厂印刷 新华书店北京发行所发行

2018年5月第1版 2019年10月北京第2次印刷

————————

开本：889mm×1194mm 1/32 印张：4.625

字数：105千字

定价：29.00元

（凡本版图书出现印刷、装订错误，请向出版社发行部调换）